U0173348

中等职业技术教育规划教材
中等职业学校机械专业教学用书

液 压 与 气 动

第 2 版

中国机械工业教育协会
全国职业培训教学工作指导委员会　组编
机电专业委员会

杨柳青　主编

机械工业出版社

本书是为适应中等职业技术教育教学改革需要而编写的，主要内容包括：液压传动概述、液压传动元件、液压传动系统基本回路、液压传动系统应用举例及主要元件故障排除、气压传动概述、气压传动元件、气压传动系统基本回路、典型气压传动系统及主要元件故障排除。每章后有复习思考题，书后附有常用流体传动系统及元件图形符号。

　　本书可作为中等职业学校机械类专业教材，也可作为中级技能人才培训和工人自学用书。

图书在版编目（CIP）数据

　　液压与气动/杨柳青主编. —2 版. —北京：机械工业出版社，2013.7（2021.8 重印）

　　中等职业技术教育规划教材　中等职业学校机械专业教学用书

　　ISBN 978-7-111-42531-1

　　Ⅰ.①液…　Ⅱ.①杨…　Ⅲ.①液压传动－中等专业学校－教材②气压传动－中等专业学校－教材　Ⅳ.①TH137②TH138

　　中国版本图书馆 CIP 数据核字（2013）第 102007 号

机械工业出版社（北京市百万庄大街22号　邮政编码100037）
策划编辑：王华庆　责任编辑：王华庆
版式设计：霍永明　责任校对：刘怡丹
封面设计：赵颖喆　责任印制：单爱军
北京虎彩文化传播有限公司印刷
2021 年 8 月第 2 版第 3 次印刷
140mm×203mm·6.5 印张·173 千字
4 901—5 400 册
标准书号：ISBN 978-7-111-42531-1
定价：25.00 元

电话服务　　　　　　　　网络服务
客服电话：010-88361066　机 工 官 网：www.cmpbook.com
　　　　　010-88379833　机 工 官 博：weibo.com/cmp1952
　　　　　010-68326294　金 书 网：www.golden-book.com
封底无防伪标均为盗版　机工教育服务网：www.cmpedu.com

中等职业技术教育规划教材
中等职业学校机械专业教学用书
编审委员会名单

主　　任	郝广发				
副 主 任	周学奎	刘亚琴	李俊玲	何阳春	林爱平
	李长江	付　捷	单渭水	王兆山	张仲民
委　　员	（按姓氏笔画排序）				
	于　平	王　珂	王　军	王洪琳	付元胜
	付志达	刘大力	刘家保	许炳鑫	孙国庆
	李木杰	李稳贤	李鸿仁	李　涛	何月秋
	杨柳青	杨耀双	杨君伟	张跃英	张敬柱
	林　青	张建惠	赵杰士	郝晶卉	荆宏智
	贾恒旦	黄国雄	董桂桥	曾立星	甄国令
本书主编	杨柳青				
本书参编	蔡微波	黄丽梅	韩楚真	李超容	
本书主审	黄佳章				

前　言

　　由中国机械工业教育协会、全国职业培训教学工作指导委员会机电专业委员会组编的中等职业学校机械专业和电气维修专业教学用书（共 22 种）自 2003 年出版以来，已多次重印，受到了教师和学生的广泛好评，其中 17 种被评为"教育部职业教育与成人教育司推荐教材"。

　　随着技术的进步和职业教育的发展，本套教材中涉及的一些技术规范、标准已经过时，同时，近年来各学校普遍进行了教学和课程改革，使教学内容有了一定的更新和调整。为更好地服务教学，我们对本套教材进行了修订。

　　在修订过程中，贯彻了"简明、实用、够用"的原则，反映了新知识、新技术、新工艺和新方法，体现了科学性、实用性、代表性和先进性，正确处理了理论知识与技能的关系。本次修订充分继承了第 1 版教材的精华，在内容、编写模式上做了较多的更新和调整。为适应教学改革的需要，部分专业课教材采用任务驱动模式编写。本套教材全部配有电子课件，部分教材配有习题集或课后习题。第 2 版教材具有以下特点：

　　（1）职业性　专业设置参照有关专业目录，并根据职业发展变化和社会实际需求确定。

　　（2）先进性　本套教材在修订过程中，主要是更新陈旧的技术规范、标准、工艺等，做到知识新、工艺新、技术新、设备新、标准新，并根据教学需要，删除过时和不符合目前授课要求的内容，精简繁杂的理论，适当增加、更新相关图表和习题，重在使学生掌握必需的专业知识和技能。

　　（3）实践性　重视实践性教学环节，加强了技能训练和生产实习教学，努力实现产教结合。

（4）实用性　与企业培训和其他类型教育相沟通，与国家职业资格证书体系相衔接。

本套教材的编写工作得到了各相关学校领导的重视和支持，参加教材编审的人员均为各校的教学骨干，使本套教材的修订工作能够按计划有序地进行，并为编好教材提供了良好的保证，在此对各个学校的支持表示感谢。

本教材由杨柳青主编，参加编写的人员有蔡微波、黄丽梅、韩楚真和李超容，黄佳章对全书进行审阅。

尽管我们不遗余力，但书中仍难免存在不足之处，敬请读者批评指正。我们真诚地希望与您携手，共同打造职业教育教材的精品。

中国机械工业教育协会
全国职业培训教学工作指导委员会机电专业委员会

目　录

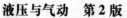

液压与气动 第2版

注：有 * 号的为选学内容。

绪　论

　　液压传动与气压传动都是以流体（如液压油或压缩空气）为工作介质，利用流体的压力能进行能量传递和控制的传动形式。液压传动所采用的工作介质为液压油或其他合成液体，气压传动所采用的工作介质为压缩空气。

　　液压与气压传动技术在工业生产的各个部门均得到了广泛应用。例如，工程机械（挖掘机）、矿山机械、压力机械（压力机）和航空工业中大量采用液压传动，机床上的传动系统也普遍采用液压传动；电子工业、包装机械、印染机械、食品机械等方面对气压传动的应用比较普遍。

　　近年来，随着机电一体化技术的不断发展，液压与气动技术开始向更广阔的领域渗透，已成为实现工业自动化的重要手段，而且具有更为广阔的发展前景。液压传动技术正向高压、高速、大功率、高效、低噪声、高性能、高度集成化、模块化、智能化的方向发展。同时，新型液压元件和液压系统的计算机辅助设计（CAD）、计算机辅助测试（CAT）、计算机直接控制（DDC）、计算机实时控制技术、机电一体化技术、计算机仿真和优化设计技术、可靠性技术以及污染控制技术等也是当前液压传动及控制技术发展和研究的方向。气压传动技术在科技飞速发展的今天发展更加迅速，应用领域已从汽车、采矿、钢铁、机械工业等行业迅速扩展到化工、轻工、食品、军事等各行各业，已发展成为包含传动、控制与检测在内的自动化技术。由于工业自动化技术的发展，气压传动技术以提高系统可靠性，降低总成本为目标，研究和开发系统控制技术和机、电、液、气综合技术。气压传动元件当前发展的特点和研究方向主要是节能化、小型化、轻量化、位置控制的高精度化，以及与电子学相结合的综合控制技术。

"液压与气动"是一门重要的技术基础课。对于将要从事机械加工、机械维修以及机械操作工作的同学来说，了解和掌握基本的液压与气压传动技术，具备一定的理论知识和操作技能，在将来的工作中能对机械设备进行调试、维护和检修，就是学习这门课程的目的。

　　本书的主要内容有：

　　（1）液压与气压传动的基本知识　主要讲述液压与气压传动的基本工作原理，系统的基本组成，流量、压力、功率的有关计算等基础知识，以及对液压油的要求及选用等。

　　（2）液压与气压传动元件　讲述常用液压与气压传动元件的功能、作用、特点以及使用场合。

　　（3）液压与气压传动系统的基本回路　通过对液压与气压传动系统中的基本回路进行分析，熟悉和掌握基本回路的结构组成、工作原理和功能，为设计和使用液压与气压传动系统和分析系统故障奠定基础。

　　（4）液压与气压传动应用举例　通过实例分别介绍液压与气压传动系统的具体应用，使学生加深理解各种元件在系统中的作用和各种基本回路的合理组成，进而学会阅读和分析液压与气压传动系统的方法和步骤。

　　在学习本课程时，除了要掌握基本的概念、基础理论、基本计算方法以及基本回路的分析方法之外，还应更多地注意将理论与实践相结合，注重实习、实验等环节。通过到生产现场进行教学和实习，可进一步加深对基本理论的理解，逐步培养灵活运用所学知识分析和解决问题的能力。

第一篇　液压传动

第一章

液压传动概述

　　液压传动是以液体（通常是液压油）作为工作介质，利用液体压力来传递动力和进行控制的一种传动方式。它通过液压泵将原动机的机械能转换为压力能，再通过管路、控制阀等元件，经执行元件（如液压缸或液压马达）将液体的压力能转换成机械能，以驱动负载。

一、液压传动原理

　　图 1-1 所示为液压千斤顶的工作原理。液压千斤顶主要由手动柱塞液压泵（杠杆 1、泵体 2、活塞 3）和液压缸（活塞 11、缸体 12）两大部分构成。活塞与缸体、泵体的接触面之间具有良好的配合，既能保证活塞顺利移动，又能形成可靠的密封。

　　液压千斤顶的工作过程是：关闭放油阀 8，作用力 F 向上提起杠杆 1，活塞 3 被带动上移（见图 1-1b），泵体油腔 4 的工作容积逐渐增大，由于单向阀 7 受油腔 10 中油液的作用力而关闭，油腔 4 形成真空，油箱 6 中的油液在大气压力的作用下，推开单向阀 5 的钢球，进入并充满油腔 4；作用力 F 向下压杠杆 1，活塞 3 被带动下移（见图 1-1c），泵体油腔 4 的工作容积逐渐减小，其内部的油液在外力的挤压作用下压力增大，迫使单向阀 5 关闭，而单向阀 7 的钢球被推开，油液经油管 9 进入缸体油腔 10，缸体油腔的工作容积增大，推动活塞 11 连同重物 G 一起上升；反复提、压杠杆，就能不断从油箱吸入油液并将其压入缸体油腔 10，使活塞 11 和重物不断上升，从而达到起升重物的作用。提、压杠杆的速度越快，单位时间内压入缸体油腔 10 的油

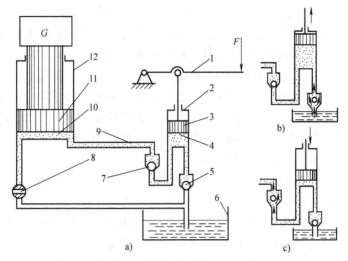

图1-1 液压千斤顶的工作原理

a）工作原理图 b）泵的吸油过程 c）泵的压油过程

1—杠杆 2—泵体 3、11—活塞 4、10—油腔 5、7—单向阀

6—油箱 8—放油阀 9—油管 12—缸体

液就越多，重物上升的速度也就越快；重物越重，下压杠杆的力就越大。停止提、压杠杆，单向阀7被关闭，缸体油腔10中的油液被封闭，此时，重物保持在某一位置不动。

如果将放油阀8旋转90°，缸体油腔10直接连通油箱，油腔10中的油液在重物的作用下流回油箱，活塞11下降并恢复到原位。

从上面这个简单的例子可以看出，液压传动的工作原理是：液压传动是以液体为工作介质，通过密封容积的变化来传递运动，通过液体的内部压力能来传递动力。

二、液压传动系统的组成

液压传动系统除工作介质（油液）外，一般由以下四部分组成：

（1）动力部分 将机械能转换为油液压力能（液压能）的装置。能量转换元件为液压泵，在液压千斤顶中为手动柱塞泵。

（2）执行部分 将油液的压力能转换成机械能的装置。执行元件有液压缸和液压马达，在液压千斤顶中为液压缸。

（3）控制部分 用来控制和调节油液的压力、流量和流动方向。控制元件有各种压力控制阀、流量控制阀和方向控制阀等，在液压千斤顶中为放油阀、单向阀。

（4）辅助部分 将前面三部分连接在一起，组成一个系统，起贮油、过滤、测量和密封等作用，保证系统正常工作。辅助元件有管路和接头、油箱、过滤器、蓄能器、密封件和控制仪表等，在液压千斤顶中为油管、油箱。

图 1-2a 所示为简化了的机床工作台液压传动系统。其动力部分为液压泵 3，执行部分为双活塞杆液压缸 6，控制部分有人力控制（手动）三位四通换向阀 7、节流阀 8、溢流阀 9，辅助部分包括油箱 1、过滤器 2、压力表 4 和管路等。

液压泵由电动机驱动进行工作。油箱中的油液经过过滤器被吸入液压泵，并经液压泵向系统输出。油液经节流阀、换向阀的 P→A 通道（换向阀的阀芯在图 1-2 所示的左边位置）进入液压缸的右腔，推动活塞连同工作台 5 向左运动。液压缸左腔的油液则经换向阀的 B→T 通道流回油箱。改变节流阀开口的大小可以调节油液的流量，从而调节液压缸连同工作台的运动速度。由于节流阀开口较小，因此开口前后的油液存在压力差。当系统压力达到某一数值时，溢流阀被打开，使系统中多余的油液经溢流阀开口流回油箱。当换向阀的阀芯移至右边位置时，来自液压泵的油液经换向阀的 P→B 通道进入液压缸的左腔，推动活塞连同工作台向右运动。液压缸右腔的油液则经换向阀的 A→T 通道流回油箱。

当换向阀的阀芯处于中间位置时，换向阀的进、回油口全被堵死，使液压缸两腔既不进油也不回油，活塞停止运动。此时，液压泵输出的油液全部经过溢流阀流回油箱，即不在液压泵继续工作的情况下，也可以使工作台停止在任意位置。

三、液压元件的图形符号

图 1-1 所示的液压千斤顶和图 1-2a 所示的机床工作台液压

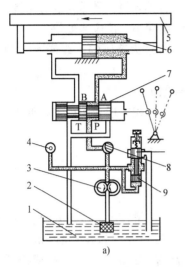
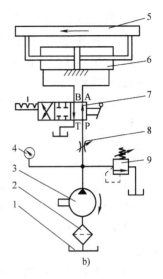

a)   b)

图1-2 机床工作台液压传动系统

a) 结构原理图 b) 用图形符号绘制的液压传动系统图

1—油箱 2—过滤器 3—液压泵 4—压力表 5—工作台

6—液压缸 7—换向阀 8—节流阀 9—溢流阀

系统结构原理图具有直观性强、容易理解的特点，但绘制较复杂，特别是当系统中元件较多时，绘制更为困难。如果采用图形符号来代表各液压元件，则绘制液压传动系统原理图时将会方便且清晰。图1-2b就是用图形符号绘制的机床工作台液压传动系统图。图形符号只表示元件的功能、操作（控制）方法及外部连接口，不表示元件的具体结构及参数、连接口的实际位置和元件的安装位置。GB/T 786.1—2009《流体传动系统及元件图形符号和回路图 第1部分：用于常规用途和数据处理的图形符号》对液压及气动元（辅）件的图形符号作了具体规定。常用液压元件及液压系统其他有关装置或元件的图形符号见附录。

四、液压传动的优缺点

（1）液压传动的优点 与机械传动、电力传动相比较，液压传动具有以下优点：

1）液压传动的各种元件可根据需要方便、灵活地进行布置。

2）设备重量轻、体积小、运动惯性小、反应速度快。

3）液压元件操纵控制方便，可实现大范围的无级调速（调速范围达 2000∶1）。

4）出现故障时可自动实现过载保护。

5）一般采用矿物油作为工作介质，相对运动面可自行润滑，使用寿命长。

6）很容易实现直线运动。

7）易实现机器的自动化。

（2）液压传动的主要缺点

1）因为液体流动的阻力损失和泄漏量较大，所以效率较低。泄漏的工作介质不仅污染环境，而且还可能引起火灾等事故。

2）由于其性能易受温度变化影响，因此不宜在很高或很低的温度条件下工作。

3）液压元件的制造精度要求较高，因而价格较贵。

4）受液体工作介质的泄漏及可压缩性影响，不能得到严格的定比传动。液压传动出现故障时不易找出原因，并且在使用和维修时要求技术人员具有较高的技术水平。

五、液压传动发展概况

液压传动相对于机械传动来说是一门新技术，从帕斯卡提出静压传递原理、英国人制成世界上第一台水压机算起，已有二三百年的历史了。液压传动在工业上的真正推广使用是 20 世纪中叶以后的事。最早实践成功的液压传动装置是舰艇上的炮塔转位器，其后才出现液压转塔车床和磨床。随着液压传动技术迅速地转向民用，各种标准的不断制定和完善，各类元件的标准化、系列化，以及在机械制造、工程机械、农业机械、汽车制造等行业中的推广，液压传动技术已发展成为包括传动、控制、检测在内的一门完整的自动化技术。目前，它和微电子技术密切结合，得以在尽可能小的空间内传递尽可能大的功率并加以精确控制。目前，在先进工业国家中 90% 以上的自动生产线都采用了液压传动技术。因此，液压传动技术应用规模和水平的高低已成为衡量一个国家工业化水平的重要标志之一。

当前，液压传动技术在实现高压、高速、大功率、高效率、低噪声、经久耐用、高度集成化等各项要求方面取得了重大的进展，比例控制、伺服控制、数字控制等自动控制技术取得了许多新成就，液压元件和液压传动系统的计算机辅助设计、计算机仿真和优化以及计算机控制等开发性工作也取得了显著的成绩。

我国的液压工业开始于 20 世纪 50 年代，其产品最初只用于机床和锻压设备，后来才用到拖拉机和工程机械上。自 1964 年从国外引进一系列液压元件生产技术，并同时开始自行设计液压产品以来，我国液压元件的生产规模和水平发展很快，并在各种机械设备上得到了广泛的使用。20 世纪 80 年代，我国加快了对先进液压产品和技术的引进、消化、吸收和国产化工作的步伐，使我国的液压传动技术在产品质量、经济效益、人才培训、研究开发等方面均获得了全方位的发展。

◇◇◇ **第二节　液压油的物理性质及选用**

液压传动系统的工作介质最常用的是液压油。在液压传动技术不断发展，各种液压传动系统对液压工作介质的要求越来越多的情况下，如何正确选用液压油就显得尤为重要。

一、液压油的物理性质

（1）可压缩性　液体受压力作用后体积减小的性质称为液体的可压缩性。一般情况下，油液的可压缩性可以忽略不计。但在进行精确计算时，尤其是在考虑系统的动态过程时，油液的可压缩性是一个很重要的影响因素。液压传动用油的可压缩性比钢的可压缩性大 100～150 倍。当油液中混入空气时，其可压缩性将显著增加，使液压传动系统产生噪声，降低系统的传动刚性和工作可靠性。

（2）粘度　当液体在外力作用下流动时，液体分子间的内聚力阻止分子相对运动而产生一种内摩擦力，这种现象叫做液体的粘性。表示粘性大小程度的物理量称为粘度。

液体的粘度随着液体压力和温度的改变而改变。对液压油来说，当压力增大时，其粘度增大。但在一般液压传动系统使用的压力范围内，液压油粘度增大的数值很小，可以忽略不计。液压油的粘度对温度的变化十分敏感，温度升高，粘度下降。

液压油除具有可压缩性和粘性外，还具有其他性质，如稳定性（热稳定性、氧化稳定性、水解稳定性、剪切稳定性等）、抗泡沫性、抗乳化性、耐蚀性、润滑性以及相容性（对所接触的金属、密封材料、涂料等的作用程度）等。它们对液压油的选择和使用都有一定的影响。液压油的这些性质需要在精炼的矿物油中加入各种添加剂来获得。

二、液压油的选择和使用

1. 对液压油的要求

不同的工作机械、不同的使用情况对液压油有不同的要求。为了保证有效地传递运动和动力，液压油应具备以下性能：

1）合适的粘度，较好的粘温特性。

2）润滑性能良好。

3）质地纯净，杂质较少。

4）对金属和密封件具有良好的相容性。

5）对热、氧化、水解和剪切具有良好的稳定性。

6）抗泡沫好，抗乳化性好，腐蚀性小，耐蚀性好。

7）体积膨胀系数小，比热容大。

8）流动点和凝固点低，闪点（明火能使油面上的油蒸气闪燃，但油本身不燃烧时的温度）和燃点高。

9）对人体无害，成本低。

对轧钢机、压铸机、挤压机和飞机等的液压传动系统来说，液压油还应满足耐高温、热稳定性好、耐腐蚀、无毒、不挥发、防火等要求。

2. 液压油的分类和选用

（1）分类 液压油的种类很多，主要有石油型、合成型、乳化型三类。石油型液压油是以机械油为原料，精炼后按需要加入适当的添加剂而制成的。这类液压油的润滑性和耐蚀性好，粘度等级范围宽。目前有 90% 以上的液压传动系统采用石油型液压油作为工作介质，但其抗燃性较差。

在一些高温、易燃、易爆的工作场合，为了安全起见，应该在液压传动系统中使用合成型和乳化型液压油。其中，合成型液压油主要有水-乙二醇液、磷酸酯液和硅油等；乳化型液压油分为水包油乳化液（L-HFA）和油包水乳化液（L-HFB）两大类。液压传动系统工作介质用其代号和后面的数字表示。其中，代号 L 是石油产品的总分类号，H 表示液压传动系统用的工作介质，数字表示该工作介质的粘度等级。

（2）液压油的选用 选择液压油时一般需考虑以下几点：

1）液压系统的工作条件。

2）液压系统的工作环境。

3）综合经济分析。

液压油的主要品种及特性和用途见表 1-1。

表 1-1 液压油的主要品种及特性和用途

分类	名称	代号	主要用途
石油型	普通液压油	L—HL	适用于 7~14MPa 的液压传动系统及精密机床液压传动系统（环境温度为 0℃ 以上）
	抗摩液压油	L—HM	适用于低、中、高压液压传动系统，特别适用于有耐磨要求并带叶片泵的液压传动系统
	低温液压油	L—HV	适用于工作温度在 -25℃ 以上的高压、高速工程机械及农业机械和车辆的液压传动系统（加降凝剂等，可在 -40~-20℃ 下工作）
	高粘度指数液压油	L—HR	适用于数控精密机床的液压传动系统和伺服系统
	液压导轨油	L—HG	适用于导轨和液压传动系统共用一种油品的机床，对导轨有良好的润滑性和防爬性

（续）

分类	名称	代号	主要用途
石油型	全损耗系统用油	L—AH	浅度精制矿油，抗氧化性、抗泡沫性较差，主要用于机械润滑，也可做液压代用油，用于要求不高的低压系统
	汽轮机油	L—TSA	浅度精制矿油加添加剂，改善抗氧化、抗泡沫等性能；为汽轮机专用油，也可做液压代用油，用于要求不高的低压系统
	其他液压油	—	加入多种添加剂，用于高品质的液压传动系统
乳化型	水包油乳化液	L—HFA	又称为高水基液，特点是难燃、温度特性好，有一定的耐蚀能力，润滑性差，易泄漏，适用于有抗燃要求、油液用量大且泄漏严重的液压传动系统
	油包水乳化液	L—HFB	既具有石油型液压油的抗摩、耐蚀性，又具有抗燃性，适用于有抗燃要求的中低压液压传动系统
合成型	水-乙二醇液	L—HFC	难燃，粘温特性和耐蚀性好，能在 -30 ~ +60℃ 温度下使用，适用于有抗燃要求的中低压液压传动系统
	磷酸酯液	L—HFDR	难燃，耐磨性能和抗氧化性能良好，能在 -54 ~ 135℃ 温度范围内使用；缺点是有毒，适用于有抗燃要求的高压精密液压传动系统

3. 液压传动系统的污染控制

工作介质的污染是液压传动系统产生故障的主要原因。它将严重影响液压传动系统的可靠性及液压元件的使用寿命。因此，掌握工作介质的正确使用、管理以及污染控制方法，是提高液压传动系统的可靠性及延长液压元件使用寿命的重要手段。

（1）污染物的来源　进入工作介质的固体污染物有四个来源：已被污染的新油、残留污染物、侵入的污染物和内部生成的污染物。

（2）污染物的危害 液压传动系统的故障 75% 以上是由工作介质污染物造成的。

（3）污染度的测定 污染度的测定方法有测重法和颗粒计数法两种。

（4）污染度的等级 按我国制定的国家标准 GB/T 14039—2002《液压传动 油液固体颗粒污染等级代号》和目前仍被采用的美国 NAS1638 油液污染度等级进行评定。

4. 工作介质的污染控制

工作介质污染的原因很复杂，而工作介质自身又在不断产生污染物，因此要彻底解决工作介质的污染问题是很困难的。为了延长液压元件的使用寿命，保证液压传动系统可靠地工作，将工作介质的污染度控制在某一限度内是较为切实可行的办法。为了减少工作介质的污染，应采取以下措施：

1）在对液压元件和系统进行清洗后才能使其正式运转。

2）防止污染物从外界侵入。

3）在液压传动系统合适部位设置合适的过滤器。

4）控制工作介质的温度，因为工作介质温度过高会加速其氧化变质，产生各种生成物，缩短它的使用寿命。

5）定期检查和更换工作介质。定期对液压传动系统的工作介质进行抽样检查，分析其污染度，若不合要求，则必须立即更换。在更换新的工作介质前，必须将整个液压传动系统彻底清洗一遍。

◇◇◇ 第三节 液压传动的流量和压力

一、流量和平均流速

液压传动是依靠密封容积的变化，迫使油液流动来传递运动的，因此需要了解有关油液流动的基本概念和规律。流量和平均流速是描述油液流动状态的两个主要参数。当液体在管路中流动时，通常将垂直于液体流动方向的截面称为通流截面。

（1）流量　单位时间内流过管路或液压缸某一通流截面的油液体积称为流量，用符号 q_V 表示。

若在时间 t 内流过管路或液压缸某一通流截面的油液体积为 V，则油液的流量 q_V 为

$$q_V = \frac{V}{t} \tag{1-1}$$

流量的单位为 $\mathrm{m^3/s}$（米³/秒），常用单位为 $\mathrm{L/min}$（升/分）。它们之间的换算关系为

$$1\mathrm{m^3/s} = 6 \times 10^4 \mathrm{L/min}$$

（2）平均流速　由于液体都具有粘性，因此液体在管路中流动时，在同一通流截面上各点的流速是不相同的，分布规律为抛物线，如图1-3所示。为了方便计算，引入一个平均流速的概念，即假设通流截面上各点的流速均匀分布。油液通过管路或液压缸的平均流速 v 的计算公式为

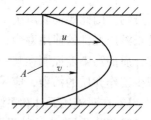

图1-3　实际流速和平均流速

$$v = \frac{q_V}{A} \tag{1-2}$$

式中　v——油液通过管路或液压缸的平均流速（m/s）；

q_V——油液的流量（$\mathrm{m^3/s}$）；

A——管路通流截面的面积或液压缸（或活塞）的有效作用面积（$\mathrm{m^2}$）。

在液压缸工作时，活塞运动的速度就等于缸内液体的平均流速。

二、液流的连续性

理想液体（不可压缩的液体）在无分支管路中稳定流动时，通过每一通流截面的流量相等，这称为液流连续性原理。油液的

可压缩性极小，通常可视为理想液体。

在图 1-4 所示的管路中，流过通流截面 1 和 2 的液体流量分别为 q_{V1} 和 q_{V2}，根据液流连续性原理，$q_{V1} = q_{V2}$，将式（1-2）代入，则可得

$$A_1 v_1 = A_2 v_2 \qquad\qquad (1-3)$$

式中　A_1，A_2——通流截面 1、2 的面积（m^2）；

　　　v_1，v_2——液体流经通流截面 1、2 时的平均流速（m/s）。

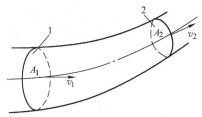

图 1-4　液流连续性原理

式（1-3）表明，液体在无分支管路中稳定流动时，流经管路不同通流截面时的平均流速与通流截面的面积成反比。管路通流截面面积小（管径细）的地方平均流速大，管路通流截面面积大（管径粗）的地方平均流速小。

例 1-1　如图 1-5 所示，在液压千斤顶的压油过程中，已知柱塞泵活塞 1 的面积 $A_1 = 1.13 \times 10^{-4} m^2$，液压缸活塞 2 的面积 $A_2 = 9.62 \times 10^{-4} m^2$，管路 4 处的通流截面的面积 $A_4 = 1.3 \times 10^{-5} m^2$。若活塞 1 的下压速度 v_1 为 $0.2 m/s$，试求活塞 2 的上升速度 v_2 和管路内油液的平均流速 v_4。

解　1）柱塞泵排出的流量 q_{V1} 为

$$q_{V1} = A_1 v_1 = 1.13 \times 10^{-4} m^2 \times 0.2 m/s = 2.26 \times 10^{-5} m^3/s$$

2）根据液流连续性原理，进入液压缸并推动活塞 2 上升的流量满足 $q_{V2} = q_{V1}$，则活塞 2 的上升速度为

$$v_2 = \frac{q_{V2}}{A_2} = \frac{2.26 \times 10^{-5}}{9.62 \times 10^{-4}} m/s = 0.0235 m/s$$

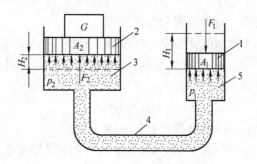

图 1-5 液压千斤顶的压油过程

1—柱塞泵活塞 2—液压缸活塞 3—液压缸油腔 4—管路 5—柱塞泵油腔

3）同理，管路内的流量满足 $q_{V4} = q_{V1} = q_{V2}$，因此管路内油液的平均流速为

$$v_4 = \frac{q_{V4}}{A_4} = \frac{2.26 \times 10^{-5}}{1.3 \times 10^{-5}} \text{m/s} = 1.74 \text{m/s}$$

三、液压传动系统中压力的形成及传递

（1）**压力的形成** 油液的压力是由油液的自重和油液受到的外力作用所产生的。在液压传动系统中，油液的自重与油液受到的外力相比，一般很小，可忽略不计。以后所说的油液压力主要是指油液表面受外力（不计入大气压力）作用所产生的压力。

（2）**压力的意义** 静止液体单位面积上所承受的作用力称为压力，用 p 表示。如图 1-6a 所示，油液充满密闭液压缸的左腔，当活塞受到向左的外力 F 作用时，液压缸左腔内的油液（被视为不可压缩）受活塞的作用，处于被挤压状态，同时，油液对活塞有一个反作用力 F_p，使活塞处于平衡状态。不考虑活塞的自重，则活塞平衡时的受力状况如图 1-6b 所示。作用于活塞的力有两个，一个是外力 F，另一个是油液作用于活塞的力 F_p。两力大小相等，方向相反。如果活塞的有效作用面积为 A，则油液作用在活塞单位面积上的压力为 F_p/A，活塞作用在油液单位面积上的压力为 F/A，即

$$p = \frac{F}{A} \tag{1-4}$$

式中　p——油液的压力（Pa）；

　　　F——作用在油液表面的外力（N）；

　　　A——油液表面的承压面积，即活塞的有效作用面积（m^2）。

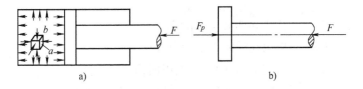

图1-6　油液压力的形成

a）液压缸受力状况　b）活塞的受力状况

在液压传动中，压力通常指相对压力或表压力，按其大小分为5级，见表1-2。

表1-2　液压传动的压力分级　　（单位：MPa）

压力分级	低压	中压	中高压	高压	超高压
压力范围	≤2.5	>2.5～8.0	>8.0～16.0	>16.0～32.0	>32.0

（3）静压传递原理　　液流连续性原理和静压传递原理是液压传动的两个基本原理。静压传递原理是：当密闭容器内静止油液中任意一点的压力有变化时，其压力的变化值将被等值地传递给油液的各点。静压传递原理也称为帕斯卡原理。其特征为：

1）静止油液在任意一点所受到的各个方向的压力都相等。

2）油液静压力的作用方向垂直指向承压表面。

液压千斤顶就是利用静压传递原理传递动力的。如图1-5所示，当柱塞泵活塞1受到外力 F_1 作用（液压千斤顶压油）时，柱塞泵油腔5中油液产生的压力为

$$p_1 = \frac{F_1}{A_1}$$

此压力通过油液传递到液压缸油腔3，即液压缸油腔3中的油液以压力 p_2（$p_2 = p_1$）垂直作用于液压缸活塞2，液压缸活塞

2 上受到作用力 F_2 的作用，且有

$$F_1/A_1 = F_2/A_2$$

$$\frac{F_1}{F_2} = \frac{A_1}{A_2} \tag{1-5}$$

式中 F_1——作用在活塞 1 上的力（N）；

F_2——作用在活塞 2 上的力（N）；

A_1，A_2——活塞 1、2 的有效作用面积（m^2）。

式（1-5）表明，活塞 2 上所受液压作用力 F_2 与活塞 2 的有效作用面积 A_2 成正比。若 $A_2 \gg A_1$，则只要在柱塞泵活塞 1 上作用一个很小的力 F_1，便能获得很大的力 F_2，用以推动重物。这就是液压千斤顶在人力作用下能顶起很重的物体的道理。

例 1-2 如图 1-5 所示，已知活塞 1 和 2 的面积同例 1-1，压油时，作用在活塞 1 上的力 $F_1 = 5.78 \times 10^3 N$。试问：柱塞泵油腔 5 内的油液压力 p_1 为多大？液压缸能顶起多重的重物？

解 1）油腔 5 内油液的压力 p_1 为

$$p_1 = \frac{F_1}{A_1} = \frac{5.78 \times 10^3}{1.13 \times 10^{-4}} N/m^2 = 5.115 \times 10^7 Pa = 51.15 MPa$$

2）活塞 2 向上的推力即作用在活塞 2 上的液压作用力 F_2 为

$$F_2 = p_1 A_2 = 5.115 \times 10^7 Pa \times 9.62 \times 10^{-4} m^2 = 4.92 \times 10^4 N$$

3）能顶起重物的重量 G 为

$$G = F_2 = 4.92 \times 10^4 N$$

（4）液压传动系统中压力的建立 密闭容器内静止油液受到外力挤压而产生压力（静压力）。对于采用液压泵连续供油的液压传动系统，流动油液在某处的压力也是因受到其后各种形式负载（如工作阻力、摩擦力、弹簧力等）的挤压而产生的。除静压力外，由于油液流动还有动压力，但在一般液压传动系统中，油液的动压力很小，可忽略不计，因此，液压传动系统中流动油液的压力主要是静压力。下面就图 1-7 所示液压传动系统中压力的形成进行分析。

在图 1-7a 中，假定负载阻力为零（不考虑油液的自重、活

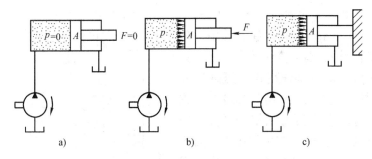

图 1-7 液压传动系统中压力的形成

a) 负载阻力为零 b) 外界负载为 F c) 外界负载为挡铁

塞的重量、摩擦力等因素），由液压泵输入液压缸左腔的油液不受任何阻挡就能推动活塞向右运动。此时，油液的压力为零（$p=0$），活塞的运动是由于液压缸左腔内油液的体积增大而引起的。

图 1-7b 中，输入液压缸左腔的油液由于受到外界负载 F 的阻挡，不能立即推动活塞向右运动，而液压泵总是连续不断地供油，使液压缸左腔中的油液受到挤压。油液的压力从零开始由小到大迅速升高，作用在活塞有效作用面积 A 上的液压作用力（pA）也迅速增大。当液压作用力足以克服外界负载 F 时，液压泵输出的油液迫使液压缸左腔的密封容积增大，从而推动活塞向右运动。在一般情况下，活塞做匀速运动，作用在活塞上的力相互平衡，即液压作用力等于负载阻力（$pA=F$）。因此，可知油液压力 $p=F/A$。若活塞在运动过程中负载 F 保持不变，则油液不会再受更大的挤压，压力就不会继续上升。也就是说液压传动系统中油液的压力取决于负载的大小，并随着负载大小的变化而变化。

图 1-7c 表示向右运动的活塞接触固定挡铁后，液压缸左腔的密封容积因活塞运动受阻止而不能继续增大。此时，若液压泵仍继续供油，则油液压力会急剧升高。若液压传动系统没有保护措施，则系统中薄弱的环节将损坏。

如图 1-8 所示，在液压泵出口处有两个负载并联。其中，负载阻力 F_C 是溢流阀的弹簧力，另一负载阻力是作用在液压缸活塞（杆）上的力 F。当负载阻力 F 较小时，液压传动系统中的压力 p 不足以克服 F_C 产生的压力，因此溢流阀阀芯在弹簧力 F_C 的作用下，处于阀的最下端位置，将阀的进油口 P 和出油口 T 的通路切断。但当负载阻力增大到使液压传动系统中的压力达到 p_C 时，作

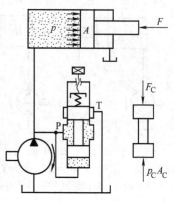

图 1-8 液压传动系统中负载的并联

用于溢流阀阀芯底部的液压作用力 $p_C A_C$（A_C 为阀心底部有效作用面积）将克服弹簧力 F_C 使阀芯上移。这时，进油口 P 与出油口 T 连通，液压泵输出的油液由此通路流回油箱，液压泵出口处的压力为 p_C。

（5）液压传动系统及元件的公称压力

液压传动系统及元件在正常工作条件下，按试验标准连续运转（工作）的最高工作压力称为额定压力。超过此值，液压传动系统便过载，因此液压传动系统必须在额定压力以下工作。额定压力也是各种液压元件的基本参数之一。额定压力应符合公称压力系列。GB/T 2346—2003《液体传动系统及元件 公称压力系列》对公称压力作了规定。表 1-3 为公称压力系列中常用部分的摘录。

表 1-3 常用流体传动系统及元件的公称压力系列

（单位：kPa）

1.0	1.6	2.5	4.0	6.3	10	16	25
40	63	100	(125)	160	(200)	250	(315)

注：括号内的公称压力值为非优先选用者。

◇◇◇ **第四节 液压传动的压力、流量损失和功率计算**

一、液压传动的压力损失

1. 液阻

由于油液具有粘性，因此在油液流动时，油液的分子之间、油液与管壁之间的摩擦和碰撞会产生阻力，这种阻碍油液流动的阻力称为液阻。

2. 压力损失

由于液压传动系统存在着液阻以及管路形状的影响，油液流动时会造成能量损失，使油液压力下降，这种现象称为压力损失。

如图1-9所示，油液从 A 处流到 B 处，中间经过较长的直管路、弯曲管路、各种阀孔和管路截面的突变等。液阻的影响致使油液在 A 处的压力 p_A 与在 B 处的压力 p_B 不相等，显然 $p_A > p_B$，引起的压力差为 Δp，即 $\Delta p = p_A - p_B$。Δp 就称为这段管路中的压力损失。

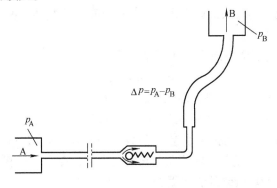

$$\Delta P = p_A - p_B$$

图1-9 油液的压力损失

3. 压力损失的分类

油液流动造成的压力损失分为沿程损失和局部损失。

（1）沿程损失 油液在直径不变的直通管路中流动时，由于管壁对油液的摩擦而产生的能量损失称为沿程损失。它主要取决于液体的流速、粘度和管路的长度以及油管的内径。流速越快，粘度越大，管路越长，沿程损失就会越大；管道内孔越大，沿程损失就越小。

（2）局部损失 当油液流过管路弯曲部位、大小管的接头部位、管路截面积突变部位及阀口和网孔等局部障碍处时，由于液流速度的方向和大小发生变化而产生的压力损失称为局部损失。在液压传动系统中，各种液压元件的结构、形状、布局等不同，致使管路的形式比较复杂，因而局部损失是主要的压力损失。

油液流动产生的压力损失会造成功率浪费，系统温度升高，油液粘度下降，进而使泄漏量增加。同时，液压元件受热膨胀也会影响系统正常工作，甚至"卡死"。因此，必须采取措施，尽量减少压力损失。一般情况下，只要油液粘度适当，管路内壁光滑，流速不太大，那么尽量缩短管路长度和减少管路的截面变化及弯曲度，适当增大内径，就可以使压力损失控制在较小范围内。

4. 压力损失的近似估算

影响压力损失的因素很多，精确计算较为复杂，通常采用近似估算的方法。

液压泵最高工作压力的近似计算式为

$$p_泵 = K_压 p_缸 \tag{1-6}$$

式中 $p_泵$——液压泵最高工作压力（Pa）；

$p_缸$——液压缸最高工作压力（Pa）；

$K_压$——系统的压力损失系数，一般 $K_压 = 1.3 \sim 1.5$，当系统复杂或管路较长时取大值，反之取小值。

二、液压传动的流量损失

（1）泄漏流量损失 在液压传动系统正常工作的情况下，从液压元件的密封间隙漏过少量油液的现象称为泄漏。液压传动系统的泄漏包括内泄漏和外泄漏两种。液压元件内部高、低压腔间的泄漏称为内泄漏。液压传动系统内部的油液漏到系统外部的泄漏称为外泄漏。图 1-10 所示为液压缸的两种泄漏现象。

液压传动系统的泄漏必然引起流量损失，使液压泵输出的流量不能全部流入液压缸等执行元件，降低系统效率。

（2）泄漏的产生原因和控制

产生泄漏的原因有两个：一是两间隙端存在压力差，二是组成间隙的两配合表面有相对运动。减少泄漏的措施是：液压元件内缝隙的大小对其泄漏量的影响很大，因此要严格控制间隙的大

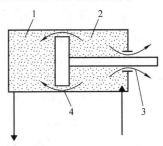

图 1-10　液压缸的
内泄漏和外泄漏
1—低压腔　2—高压腔
3—外泄漏　4—内泄漏

小；其次是圆环形元件，如液压缸的活塞和缸筒、液压阀的阀芯和阀体，应保证两运动件的同轴度，以减小环状间隙泄漏量。

（3）流量损失的估算　流量损失一般也采用近似估算的方法进行计算。液压泵输出流量的近似计算式为

$$q_{V泵} = K_漏\, q_{V缸} \qquad\qquad (1\text{-}7)$$

式中　$q_{V泵}$——液压泵的最大输出流量（m^3/s）；

　　　$q_{V缸}$——液压缸的最大流量（m^3/s）；

　　　$K_漏$——系统的泄漏系数，一般 $K_漏 = 1.1 \sim 1.3$，当系统复杂或管路较长时取大值，反之取小值。

三、液压传动功率的计算

（1）液压缸的输出功率 $P_缸$　功率等于力和速度的乘积。对于液压缸来说，其输出功率等于负载阻力 F 和活塞（或液压缸）运动速度 v 的乘积，即

$$P_缸 = Fv$$

由于 $F = p_缸 A$，$v = \dfrac{q_{V缸}}{A}$，所以液压缸的输出功率（不计液压缸的损失）为

$$P_缸 = p_缸\, q_{V缸} \qquad\qquad (1\text{-}8)$$

式中 $P_{缸}$——液压缸的输出功率（W）；

  $p_{缸}$——液压缸的最高工作压力（Pa）；

  $q_{V缸}$——液压缸的流量（m³/s）。

（2）液压泵的输出功率 $P_{泵}$

$$P_{泵} = p_{泵}\,q_{V泵} \qquad (1-9)$$

式中 $P_{泵}$——液压泵的输出功率（W）；

  $p_{泵}$——液压泵的最高工作压力（Pa）；

  $q_{V泵}$——液压泵输出的流量（m³/s）。

对于输出流量为定值的定量液压泵，$q_{V泵}$ 即为该泵的额定流量。

（3）液压泵的效率和驱动液压泵的电动机功率的计算 由于液压泵在工作中也存在因泄漏、机械摩擦而造成的流量损失及机械损失，所以驱动液压泵的电动机所需的功率 $P_{电}$ 要比液压泵的输出功率 $P_{泵}$ 大。液压泵的总效率 $\eta_{总}$ 为

$$\eta_{总} = \frac{P_{泵}}{P_{电}} \qquad (1-10)$$

液压泵的总效率 $\eta_{总}$，对于外啮合齿轮泵取 0.63～0.80，叶片泵取 0.75～0.85，柱塞泵取 0.80～0.90，或参照液压泵产品说明书。

驱动液压泵的电动机的功率 $P_{电}$ 为

$$P_{电} = \frac{P_{泵}}{\eta_{总}} = \frac{p_{泵}\,q_{V泵}}{\eta_{总}} \qquad (1-11)$$

例1-3 如图 1-7b 所示，已知活塞向右运动的速度 $v = 0.04$m/s，外界负载 $F = 9720$N，活塞有效工作面积 $A = 0.008$m²，$K_{漏} = 1.1$，$K_{压} = 1.3$，选用定量液压泵的额定压力为 2.5×10^6Pa，额定流量为 4.17×10^{-4}m³/s。试问此泵是否适用？如果泵的总效率为 0.8，驱动定量液压泵的电动机功率为多少？

解 1）输入液压缸的油液流量为

$$q_{V缸} = Av = 0.008\text{m}^2 \times 0.04\text{m/s} = 3.2 \times 10^{-4}\text{m}^3/\text{s}$$

2）液压泵应供给的油液流量为

$$q_{V泵} = K_漏 q_{V缸} = 1.1 \times 3.2 \times 10^{-4} \mathrm{m^3/s} = 3.52 \times 10^{-4} \mathrm{m^3/s}$$

3）液压缸最高工作压力为

$$p_缸 = \frac{F}{A} = \frac{9720\mathrm{N}}{0.008\mathrm{m^2}} = 1.215 \times 10^6 \mathrm{Pa}$$

4）液压泵的最高工作压力为

$$p_泵 = K_压 p_缸 = 1.3 \times 1.215 \times 10^6 \mathrm{Pa} = 1.58 \times 10^6 \mathrm{Pa}$$

5）因 $q_{V泵} < q_{V额}$，$p_泵 < p_额$，所以选定的量液压泵适用。

6）驱动定量液压泵的电动机的功率为

$$P_电 = \frac{p_额 q_{V额}}{\eta_总} = \frac{2.5 \times 10^6 \mathrm{Pa} \times 4.17 \times 10^{-4} \mathrm{m^3/s}}{0.8} = 13.03 \times 10^2 \mathrm{W} \approx 1.3\mathrm{kW}$$

◇◇◇ 第五节　液压冲击和空穴现象

一、液压冲击

在液压传动系统中，由于某种原因而使油液的压力在瞬间急剧上升，这种现象称为冲击。

液压传动系统中产生液压冲击的原因很多，如液流速度突变（如关闭阀门）或突然改变液流方向（换向）等将会引起系统中油液压力的迅速升高而产生液压冲击。液压冲击会引起振动和噪声，导致密封装置、管路等液压元件损坏，有时还会使某些元件（如压力继电器、顺序阀）产生误动作，影响系统的正常工作。因此，必须采取有效措施来减轻或防止液压冲击。

避免产生液压冲击的基本措施是尽量避免液流速度发生急剧变化，延缓速度变化的时间。具体办法是：

1）缓慢开关阀门。

2）限制管路中液流的速度。

3）系统中设置蓄能器和溢流阀。

4）在液压元件中设置缓冲装置（如节流孔）。

二、空穴现象

在液压传动系统中，由于流速突然变化、供油不足等，压力会迅速下降至低于空气分离压力，这时溶于油液中的空气会游离出来形成气泡，这些气泡夹在油液中形成气穴，称为空穴现象。

当液压传动系统中出现空穴现象时，大量的气泡会破坏油流的连续性，造成流量和压力脉动。气泡随着油流进入高压区时，会急剧破灭，引起局部液压冲击，使系统产生强烈的噪声和振动。当附着在金属表面上的气泡破灭时，它所产生的局部高温和高压作用以及油液中逸出气体的氧化作用，会使金属表面剥蚀或出现海绵状的小洞穴。这种因空穴而造成的腐蚀称为气蚀，会导致元件寿命缩短。

空穴现象多发生在阀口和液压泵的进口处，因为阀口的通道狭窄，流速增大，压力大幅度下降，以致产生空穴。液压泵的安装高度过大，吸油管直径太小，吸油阻力大，过滤器阻塞，造成进口处真空度过大，也会产生空穴现象。为减少空穴和气蚀的危害，一般采取下列措施：

1）减小液流在间隙处的压力差，一般希望间隙前后的压力比 $p_1/p_2 < 3.5$。

2）降低液压泵的吸油高度，适当加大吸油管内径，限制吸油管的流速，及时清洗过滤器。对高压泵，可采用辅助泵供油。

3）管路要有良好密封，防止空气进入。

复习思考题

1. 液压传动系统由哪几部分组成？各部分的作用是什么？

2. 与机械传动和电力传动相比较，液压传动有哪些优缺点？

3. 在液压传动系统中，活塞运动的速度是怎样计算的？"作用在活塞上的推力越大，活塞运动的速度越快"的说法对吗？为什么？

4. 什么是液压传动中的流量、压力？它们的单位是什么？

5. 什么是液流连续性原理？

6. 什么是静压传递原理？

7. 在图 1-1 所示的液压千斤顶中，已知压动手柄的力 $F = 294\text{N}$，作用点到支点的距离为 540mm，活塞杆铰点到支点的距离为 27mm，柱塞泵活塞 3 的有效作用面积 $A_1 = 1 \times 10^{-3}\text{m}^2$，液压缸活塞 11 的有效作用面积 $A_2 = $

$5 \times 10^{-3} m^2$。试求：

（1）作用在柱塞泵活塞上的力为多少？

（2）系统中的压力为多少？

（3）液压缸活塞能顶起多重的重物？

（4）两活塞的运动速度哪一个快？速度比为多少？

（5）当重物 $G = 19600N$ 时，系统中的压力为多少？要能顶起此重物，作用在柱塞泵活塞上的力为多少？

8. 液压传动系统为什么会有压力损失？压力损失与哪些因素有关？

9. 什么是液压传动系统的泄漏？生产中一般用什么方法来减小压力损失和流量损失？

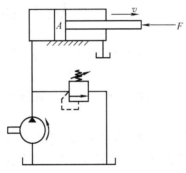

图　1-11

10. 图 1-11 所示为一个简单的液压传动系统，已知液压缸活塞有效作用面积 $A = 8 \times 10^{-3} m^2$，外界负载 $F = 2.4 \times 10^4 N$，要求活塞运动速度 $v = 0.05 m/s$，选用液压泵的额定流量 $q_{V额} = 1.05 \times 10^{-3} m^3/s$，额定压力 $p_{额} = 6.3 \times 10^6 Pa$，液压泵的总效率 $\eta_{总} = 0.8$，取系统压力损失系数 $K_{压} = 1.4$，系统泄漏系数 $K_{漏} = 1.2$。试确定：

（1）此液压泵是否适用？

（2）驱动液压泵的电动机功率需多大？

11. 什么叫做液压冲击？液压冲击产生的原因是什么？

12. 什么叫做空穴现象？它有哪些危害？应怎样避免？

第二章

液压传动元件

一个完整的液压传动系统由四类液压传动元件组成,分别是:

(1)动力元件　指液压泵,包括齿轮泵、叶片泵、柱塞泵等。

(2)执行元件　指液压缸、液压马达,包括活塞缸、柱塞缸、摆动缸等。

(3)控制元件　指系统中各类控制阀,包括方向阀、压力阀、流量阀。

(4)辅助元件　包括油箱、油管、管接头、过滤器、压力表等。

液压传动元件性能的好坏直接影响液压传动系统的工作特性和工作效率。本章将简述各类液压传动元件的结构、工作原理和应用特点。

◇◇◇　第一节　液压泵

一、液压泵的工作原理、作用和分类

(1)液压泵的工作原理　虽然液压泵的类型不同,但是它们的工作原理却是相同的。现以单缸柱塞泵为例,说明液压泵的基本工作原理。如图 2-1 所示,缸体 3、柱塞 4 和两个单向阀 5、6 组成一个密封工作腔 A。曲柄连杆机构中的曲柄 1 连续旋转时,通过连杆 2 带动柱塞 4 在缸体 3 中做往复运动,使工作腔 A 的容积发生周期性的变化。当柱塞 4 向右移动时,工作腔 A 的容积由小变大,形成局部真空,油箱 7 中的油液在外部大气压力作用下,经单向阀 6 进入工作腔 A,以填补局部真空,这就是吸

油过程。在吸油过程中，单向阀5在液压传动系统压力作用下始终关闭，把吸、压油腔分开。当柱塞左移时，工作腔A的容积由大变小，油液受到挤压，压力升高，油液顶开单向阀5，进入系统，这就是压油过程。在压油过程中，单向阀6在油压作用下处于关闭状态，所以A腔油液不会倒流到油箱中。

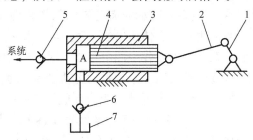

图2-1　单缸柱塞泵的工作原理

1—曲柄　2—连杆　3—缸体　4—柱塞　5、6—单向阀　7—油箱

从这个简单的例子归纳出的液压泵工作原理如下：

1）液压泵都要有密封工作容积，即液压泵要有一个吸、压油的容积。

2）液压泵的密封工作容积应能周期性地变化，即有从小到大和从大到小的变化过程。这就是液压泵能够吸油和压油的根本原因，因此又叫做容积式液压泵。

3）必须有配油装置，把吸、压油腔严格分开。单向阀5和6就是阀式配油装置。不同类型的液压泵有不同的配油装置。

在液压泵吸油过程中，必须使油箱与大气接通，这是吸油的根本条件。液压泵出油口处输出压力的大小取决于油液从单向阀5压出时所受到的全部阻力，即液压泵产生的油压决定于外部负载。若不计泄漏，油压大小与流量无关。

（2）液压泵的作用和分类　在液压传动系统中，液压泵是将电动机或其他发动机输入的机械能转变为液压能的一种能量转换装置。它是液压传动系统的动力元件。

液压泵的分类方式很多，可以按压力的大小分为低压泵、中压泵和高压泵，也可按流量是否可以调节分为定量泵和变量泵，又可按泵的结构分为齿轮泵、叶片泵和柱塞泵。其中，齿轮泵和叶片泵多用于中、低压系统中，柱塞泵多用于高压系统中。它们都属于容积式泵，在机床设备中基本上都采用这类泵。

二、常用液压泵

（1）齿轮泵　图2-2所示为齿轮泵的工作原理及定量泵的图形符号。齿轮泵由装在泵体3内的一对齿轮1和2组成。齿轮的两端盖密封，其密封的工作空间由泵体、端盖和齿轮的各个齿间槽形成。当齿轮泵运转时，泵轴带动主动轮和从动轮一起回转（如图2-2中箭头所示），在轮齿从啮合到脱开的一侧（如图2-2中水平中心线的下方），密封的工作空间容积逐渐增大，形成部分真空，油箱中的油液在大气压力的作用下经吸油管进入吸油腔，进入吸油腔的油液被转动的齿轮带到另一侧的压油腔（图2-2中水平中心线的上方），在这一侧轮齿逐渐进入啮合，密封工作空间容积逐渐缩小，从而将齿间槽中的油液挤出。

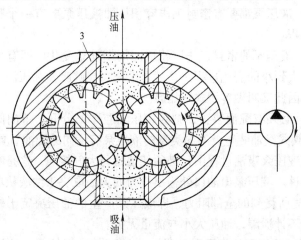

图2-2　齿轮泵的工作原理及定量泵的图形符号
1、2—齿轮　3—泵体

十分明显，齿轮泵工作时吸油腔与压油腔的压力差较大。吸油腔内的压力通常低于大气压力，而压油腔内的压力则为工作压力。工作压力越高，吸压油腔两侧径向压力不平衡的问题就越严重。为了改善这种状况，通常采用缩小压油口的办法，使液压油作用于齿轮上的齿数减少（仅一两个齿），但齿轮泵的旋转方向不能改变。

齿轮泵因具有结构简单、制造容易、工作可靠、自吸性能好、转速范围大等优点而获得了广泛的应用，在中、低压系统中应用很普遍，特别是压力为 25×10^5 Pa 的齿轮泵应用较多。

齿轮泵是定量泵，即流量不可调节。

（2）叶片泵　叶片泵有两种结构：一种是单作用叶片泵，另一种是双作用叶片泵。

单作用叶片泵的工作原理及变量泵的图形符号如图 2-3 所示。叶片 3 布置在与转子 2 半径方向相同但具有一定角度的槽中，泵轴 1 与定子 4 之间有偏心。当泵轴带动转子转动时，叶片在离心力作用下，被甩出并紧贴于定子的圆柱形内表面上，此时，定子、转子、叶片和端盖间就形成了若干个密封的工作空间。当转子按图 2-3 所示箭头方向逆时针回转时，在图 2-3 中水平中心线的下方区域，各叶片逐渐伸出，叶片间的密封工作空间逐渐增大，形成部分真空而吸油；在图 2-3 中水平中心线上方区域，叶片逐渐被定子内表面压入槽中，所以其密封工作空间逐渐缩小，从而将油液压出。

由此可见，当这种泵工作时，转子每旋转一周，每个工作空间就完成一次吸油和压油过程，所以称为单作用叶片泵。

这种泵的流量与液压泵的偏心距有关，通过改变转子与定子间的偏心距可改变密封工作空间的变化量，从而改变液压泵的压油量。因此，单作用叶片泵大多为变量泵。

双作用叶片泵的工作原理如图 2-4 所示。这种液压泵主要由定子 1、转子 2、叶片 3 和端盖等组成。它和单作用叶片泵在结构上的主要区别是：双作用叶片泵的转子和定子的中心重合，且定子 1 的内表面近似椭圆形，有两个吸油区和两个压油区且对称

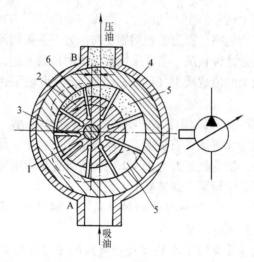

图 2-3　单作用叶片泵的工作原理及变量泵图形符号

1—泵轴　2—转子　3—叶片　4—定子　5—压油腔　6—吸油腔

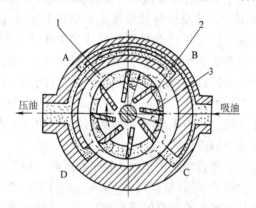

图 2-4　双作用叶片泵的工作原理

1—定子　2—转子　3—叶片

布置。当转子按图 2-4 所示方向转动，叶片被离心力甩出并紧贴于定子内表面时，在转子、定子、叶片和端盖间形成密封的工作空间。在 A 区，叶片随着转子转动并逐渐伸出，密封工作空间逐渐增大，形成部分真空而吸油；在 B 区，密封工作空间随着转子转动逐渐缩小而压油。同理，C区吸油，D区压油。

由此可见，这种泵在转子旋转一转的过程中，每个工作空间完成两次吸油和压油过程，所以称为双作用叶片泵。由于两组吸油区和压油区分别相应对称布置，因此作用在转子上的油压作用力也是互相平衡的。

双作用叶片泵大多是定量泵。

叶片泵运转平稳，压力脉动小，噪声小，制造容易，在液压传动系统中应用很广，特别是在组合机床液压传动系统中多采用叶片泵。

（3）柱塞泵 径向柱塞泵的工作原理如图2-5所示。柱塞4呈径向排列并安装在转子2中，转子2由电动机带动连同柱塞一起旋转，转子即为该泵的缸体。转子2与定子3之间有偏心，运转时，柱塞在离心力的作用下被甩出，紧贴在定子内表面上。若转子按图2-5所示箭头方向回转，则在水平中心线上方的柱塞逐渐伸出，其密封工作空间逐渐增大，形成部分真空，通过相应的配油轴5上的吸油口吸油，当转到水平中心线下方半周时，柱塞逐渐压缩，其密封工作空间缩小，经油口压油。由此可见，转子每回转一周，每个液压缸各完成吸油、压油一次。

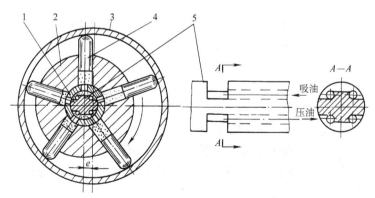

图2-5 径向柱塞泵的工作原理

1—衬套 2—转子 3—定子 4—柱塞 5—配油轴

柱塞泵的流量因偏心距 e 的大小不同而不同。若偏心距 e 是可变的（如将定子制作成可水平移动的），则成为变量泵。

　　柱塞泵按照柱塞排列方式的不同，除上述径向柱塞泵外还有轴向柱塞泵。轴向柱塞泵中柱塞轴线与转动轴的轴线平行，其工作原理和径向柱塞泵相似。

　　柱塞泵具有功率范围大、效率高、输出压力高、便于变量调节和工况控制等优点，多用于高压液压传动系统中，如在飞机、船舶、锻压机械、工程机械中应用很普遍。在金属切削机床的液压传动系统中，柱塞泵的应用也日益广泛。

三、电动机功率的计算

　　当液压泵用电动机驱动时，可先根据液压泵的功率计算出电动机所需要的功率，再考虑液压泵的转速，然后从样本中合理地选定标准的电动机。因此，在选择电动机前首先要选定液压泵。

　　在选择液压泵时，通常先根据系统对液压泵的性能要求来选定液压泵的类型，再根据液压泵所应保证的压力和流量来确定它的具体规格。

　　液压泵的最大工作压力 $p_泵$ 可按式（2-1）确定。

$$p_泵 = K_压 \, p_缸 \tag{2-1}$$

式中　$p_泵$——液压泵所需要的压力（Pa）；

　　　$K_压$——系统中压力损失系数，$K_压 = 1.3 \sim 1.5$；

　　　$p_缸$——液压缸中最大工作压力（Pa）。

　　液压泵的流量 $q_{V泵}$ 可按式（2-2）确定。

$$q_{V泵} = K_漏 \, q_{V缸} \tag{2-2}$$

式中　$q_{V泵}$——液压泵所需要的流量（m³/s）；

　　　$K_漏$——系统的泄漏系数，$K_漏 = 1.1 \sim 1.3$；

　　　$q_{V缸}$——液压缸所需的最大流量（m³/s）。

　　若为多液压缸同时动作，则 $q_{V缸}$ 应为同时动作的几个液压缸所需的最大流量之和。

　　在求出 $p_泵$、$q_{V泵}$ 以后，就可具体选择液压泵的规格了。选择时应使实际选用液压泵的确定压力大于所求出的 $p_泵$，通常可放大25%。液压泵的额定流量只需要略大于或等于所求出的$q_{V泵}$即可。

驱动液压泵所需的电动机的功率可按式（2-3）确定。

$$P_电 = \frac{p_泵 \, q_{V泵}}{1000\eta} \qquad (2-3)$$

式中　$P_电$——电动机所需的功率（kW）；

$\quad\quad p_泵$——液压泵所需的最大工作压力（Pa）；

$\quad\quad q_{V泵}$——液压泵所需的最大流量（m^3/s）；

$\quad\quad \eta$——液压泵的总效率。

各种液压泵的总效率，齿轮泵为$0.6 \sim 0.7$，叶片泵为$0.6 \sim 0.75$，柱塞为$0.8 \sim 0.85$。

例2-1　已知某液压传动系统工作时，活塞上所受的外载荷$F = 9720N$，活塞有效工作面积$A = 0.008m^2$，活塞运动速度$v = 0.04m/s$。试问：应选择额定压力和额定流量为多少的液压泵？驱动它的电动机的功率应为多少（考虑功率损失）？

解　首先确定液压缸中最大工作压力$p_缸$。

$$p_缸 = \frac{F}{A} = \frac{9720N}{0.008m^2} = 12.15 \times 10^5 Pa$$

选择$K_压 = 1.3$，计算液压泵所需的最大压力$p_缸$。

$$p_泵 = K_压 p_缸 = 1.3 \times 12.15 \times 10^5 Pa = 15.8 \times 10^5 Pa$$

再根据运动速度计算液压缸中所需的最大流量$q_{V缸}$。

$$q_{V缸} = vA = 0.04m/s \times 0.008m^2 = 3.2 \times 10^{-4} m^3/s$$

选取$K_漏 = 1.1$，计算液压泵所需的最大流量$q_{V泵}$。

$$q_{V泵} = K_漏 q_{V缸} = 1.1 \times 3.2 \times 10^{-4} m^3/s = 3.52 \times 10^{-4} m^3/s$$

查液压泵的样本资料，选择CB—B25型齿轮泵。该泵的额定流量为25L/min（约为$4.17 \times 10^{-4} m^3/s$），略大于$q_{V泵}$。该泵的额定压力为25kgf/$cm^2$（约为$25 \times 10^5 Pa$），大于泵所需要的最大压力$p_泵$。驱动它的电动机功率，在选取泵的总效率$\eta = 0.7$后可求出。

$$P_电 = \frac{p_泵 \, q_额}{1000 \times 0.7} = \frac{15.8 \times 10^5 \text{Pa} \times 4.17 \times 10^{-4} \text{m}^3/\text{s}}{1000 \times 0.7} = 0.94 \text{kW}$$

由上式可见，在计算 $P_电$ 时用的是 $q_额$ 而没有用 $q_{V泵}$，这是因为所选择的齿轮泵是定量泵，定量泵的流量是不能调节的。

例 2-1 是在已知工作参数的条件下进行计算的。当不知道某台设备的工作参数而又需要了解电动机的功率时，可直接根据液压泵的额定压力和额定流量以及总效率，近似计算出电动机的功率，这一般来说是适用的。

例 2-2 图 2-6 所示的某液压传动系统，已知负载 $F = 30000\text{N}$，活塞有效面积 $A = 0.01\text{m}^2$，空载快速前进的速度 $v_1 = 0.05\text{m/s}$，负载工作时的前进速度 $v_2 = 0.025\text{m/s}$，选取 $K_压 = 1.5$，$K_漏 = 1.3$，$\eta = 0.75$，试从下列已知液压泵中选择一台合适的液压泵，并计算其相应的电动机功率。

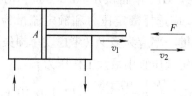

图 2-6　某液压传动系统

解　$p_缸 = \dfrac{F}{A} = \dfrac{30000\text{N}}{0.01\text{m}^2} = 3 \times 10^6 \text{Pa}$

$p_泵 = K_压 \, p_缸 = 1.5 \times 3 \times 10^6 \text{Pa} = 4.5 \times 10^6 \text{Pa}$

由于活塞快速前进的速度大，所需的流量也大，所以液压泵必须保证的流量应满足快进的要求，此时流量按 v_1 计算。

$q_{V缸} = v_1 A = 0.05\text{m/s} \times 0.01\text{m}^2 = 5 \times 10^{-4} \text{m}^3/\text{s}$

$q_{V泵} = K_漏 \, q_{V缸} = 1.3 \times 5 \times 10^{-4} \text{m}^3/\text{s} = 6.5 \times 10^{-4} \text{m}^3/\text{s}$

在求出 $p_泵$、$q_{V泵}$ 后，就可从已知的液压泵中选择一台。已知液压泵如下：

YB—32 型叶片泵：$q_额 = 32\text{L/min}$，$p_额 = 6.3 \times 10^6 \text{Pa}$。

YB—40 型叶片泵：$q_{额} = 40L/min$，$p_{额} = 6.3 \times 10^6 Pa$。

YB—50 型叶片泵：$q_{额} = 50L/min$，$p_{额} = 6.3 \times 10^6 Pa$。

因为求出的 $p_{泵} = 4.5 \times 10^6 Pa$，而求出的 $q_{V缸} = 6.5 \times 10^{-4}$ $m^3/s = 39 \times 10^{-3} m^3/min = 39L/min$，所以应选择 YB—40 型叶片泵。

电动机功率 $P_{电}$ 为

$$P_{电} = \frac{p_{泵} \, q_{额}}{1000 \times 0.75} = \frac{4.5 \times 10^6 Pa \times 6.67 \times 10^{-4} m^3/s}{1000 \times 0.75} \approx 4kW$$

若 YB—40 型的转速为 960r/min，则可根据 $P_{电}$ 为 4kW 和 960r/min 从样本中选择合适的电动机。

例2-2 中的液压泵既要满足空载快速行程的要求（此时压力较低，流量较大），又要满足负载工作行程的要求（此时压力较高，流量相对较小），所以在计算时压力与流量两者都必须取大值。

◇◇◇ **第二节　液压缸**

任何一个液压传动系统，不仅要通过液压泵将输入的机械能转换为液体的压力能，还必须将液体的压力能重新转换为机械能进行做功。实现后一种能量转换的液压装置有液压缸和液压马达两大类。本节主要讨论液压缸。

液压缸的种类很多，按运动方式不同可分为往复式液压缸和回转式液压缸。往复式液压缸按压力作用方式的不同可分为双作用式和单作用式两种，按其结构的不同可分为双活塞杆式、单活塞杆式、复合式、伸缩套筒式等。这里主要介绍往复运动式液压缸中的双活塞杆式液压和单活塞杆式液压两种。它们都是双作用式液压缸。

一、双活塞杆式液压缸及其基本计算

图 2-7a 所示为双活塞杆式液压缸的结构及图形符号。这种液压缸主要由端盖、密封圈、活塞、活塞杆、缸体等组成。工作

时，它可以将缸体固定（见图2-7a），也可将活塞杆固定。液压油自油口1输入液压缸左腔时，推动活塞向右运动，液压缸右腔中的液压油自油口2排出。反之，液压油自油口2进入液压缸右腔时，推动活塞向左运动，左腔液压油则自油口1排出。由于这种液压缸的活塞两侧均可承受油压，所以叫做双作用式液压缸。双活塞杆式液压缸的图形符号如图2-7b所示。显然，这种液压缸中活塞与缸体壁之间既要相对运动又要密封良好，因此对缸体内壁加工要求很高。由于缸体加工困难，因此双活塞杆式液压缸只适用于运动行程短的场合。

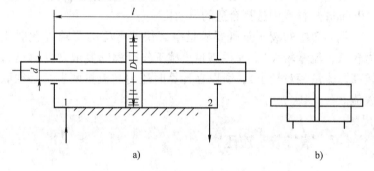

图2-7 双活塞杆式液压缸的结构及图形符号

a）结构简图 b）图形符号

由图2-7a可以看出，当活塞向右、向左运行到极限位置时，其所占空间尺寸范围大致为其有效行程的3倍。

这种液压缸最主要的特点是：由于液压缸左、右两腔中都有活塞杆伸出，且活塞杆的直径两侧相同，所以活塞两侧有效作用面积相同。其有效作用面积的大小为

$$A = A_1 - A_2$$

式中 A——活塞有效作用面积（m^2）；

A_1——活塞的横截面积（m^2）；

A_2——活塞杆的横截面积（m^2）。

若活塞直径为D，活塞杆直径为d，则

$$A_1 = \frac{\pi D^2}{4}$$

$$A_2 = \frac{\pi d^2}{4}$$

$$A = \frac{\pi}{4}(D^2 - d^2) \qquad (2\text{-}4)$$

由于活塞两侧有效作用面积相同，所以当两腔分别输入流量相同的液压油时，活塞往复运动的速度也相同；当压力相同时，活塞向左、右产生的牵引力也相同。

由此可知：

$$v = \frac{q}{\dfrac{\pi}{4}(D^2 - d^2)} \qquad (2\text{-}5)$$

$$F = p\,\frac{\pi}{4}(D^2 - d^2) \qquad (2\text{-}6)$$

式中　v ——活塞运动的速度（m/s）；

D ——活塞的直径（m）；

d ——活塞杆的直径（m）；

p ——液压缸中的压力（Pa）；

F ——活塞杆上的牵引力（N）。

例 2-3　如图 2-8 所示的双活塞杆式液压缸，已知活塞面积 $A_1 = 2 \times 10^{-3}\,\mathrm{m}^2$，活塞杆面积 $A_2 = 0.3 \times 10^{-3}\,\mathrm{m}^2$，活塞向右运动工作时载荷 $F = 4250\mathrm{N}$。若分别向缸的左、右腔输入流量 $q = 4.17 \times 10^{-4}\,\mathrm{m}^3/\mathrm{s}$ 的油液，问活塞往返运动的速度 v_1、v_2 各是多少？缸内左、右两腔中的压力 p_1、p_2 分别是多少？

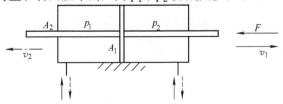

图 2-8　双活塞杆式液压缸

解 活塞的有效作用面积 A 为

$$A = A_1 - A_2 = (2 \times 10^{-3} - 0.3 \times 10^{-3}) \, \text{m}^2 = 1.7 \times 10^{-3} \, \text{m}^2$$

当油液自左腔输入，从右腔排出时（图2-8中实线箭头），活塞运动的速度 v_1 为

$$v_1 = \frac{q}{A} = \frac{4.17 \times 10^{-4} \, \text{m}^3/\text{s}}{17 \times 10^{-4} \, \text{m}^2} \approx 0.245 \, \text{m/s}$$

此时左腔中的压力 p_1 为

$$p_1 = \frac{F}{A} = \frac{4250 \, \text{N}}{17 \times 10^{-4} \, \text{m}^2} = 2.5 \times 10^6 \, \text{Pa}$$

更换油液的输送方向，当油液自右腔输入，从左腔排出，活塞空程返回时，由于外载荷为零，所以此时右腔中的压力 $p_2 = 0$。

因为是双活塞杆式液压缸，两边有效作用面积相等，输入的流量又不改变，所以可知：

$$v_2 = v_1 \approx 0.245 \, \text{m/s}$$

由此可见，活塞往返运动时的速度相同，而活塞往返运动时缸内的压力不同。十分明显，活塞的运动速度只取决于流量而与压力无关。

二、单活塞杆式液压缸及其基本计算

图2-9a所示为单活塞杆式液压缸的工作原理。这种液压缸的基本特点是只在一腔中有活塞杆，另一腔中没有活塞杆，从而造成活塞左、右两侧的有效作用面积不相等。因此，在向两腔中分别输入相同流量的液压油时，活塞往返运动的速度不相等；当供油压力一定时，活塞往返运动所获得的牵引力大小也不相同。活塞运动到极限位置时，所占空间尺寸范围大致为其有效行程的两倍。单活塞杆式液压缸的图形符号如图2-9b所示。

当向液压缸的左腔输入油液时，有：

$$v_1 = \frac{q}{A_1} = \frac{q}{\dfrac{\pi D^2}{4}} \tag{2-7}$$

$$F_1 = pA_1 = \frac{\pi D^2}{4}p \tag{2-8}$$

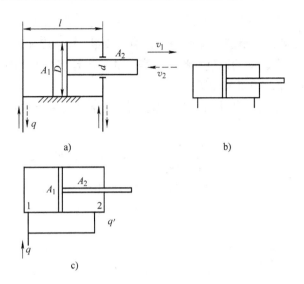

图2-9　单活塞杆式液压缸

a）工作原理　b）图形符号　c）油液由左腔输入时的状况

式中　v_1——活塞向有杆腔方向运动的速度（m/s）；

　　　A——活塞无杆腔的有效面积（m^2）；

　　　D——活塞直径（m）；

　　　p——供油压力（Pa）；

　　　F_1——活塞向有杆腔方向运动时的牵引力（N）。

当向液压缸的右腔（即有杆腔）输入油液时，有：

$$v_2 = \frac{q}{A_1 - A_2} = \frac{q}{\frac{\pi}{4}(D^2 - d^2)} \qquad (2\text{-}9)$$

$$F_2 = p(A_1 - A_2) = \frac{\pi}{4}(D^2 - d^2)p \qquad (2\text{-}10)$$

式中　v_2——活塞向无杆腔方向运动的速度（m/s）；

　　　A_2——活塞杆的横截面积（m^2）；

　　　d——活塞杆的直径（m）；

　　　F_2——活塞向无杆腔方向运动时的牵引力（N）。

例 2-4 如图 2-10 所示，已知活塞有效面积 $A_1 = 0.01 \text{m}^2$，$A_2 = 0.006 \text{m}^2$，负载 $F = 30000 \text{N}$，输入流量 $q = 4.17 \times 10^{-4} \text{m}^3/\text{s}$。试问：活塞运动的速度 v 和压力表 a 的读数是多少？（阀门 b 的开启压力 $p_1 = 0.5 \times 10^5 \text{Pa}$）

解 当油液自油口 1 输入液压缸左腔时，活塞的运动速度 v 为

$$v = \frac{q}{A} = \frac{4.17 \times 10^{-4} \text{m}^3/\text{s}}{0.01 \text{m}^2} = 4.17 \times 10^{-2} \text{m/s}$$

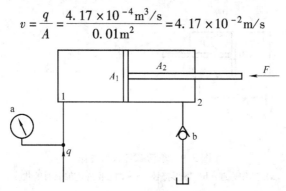

图 2-10 有背压的液压传动系统

由于在回油路上有一个阀门 b，该阀门的开启压力 $p_1 = 0.5 \times 10^5 \text{Pa}$。这种在回油路上的压力称为背压。因此，当活塞向右运动时，其克服的负载除 F 外，还有一个因背压 p_1 而形成的阻力，该阻力的大小为 $p_1 A_2$。设液压缸右腔的压力为 p，则可列出以下平衡方式：

$$pA_1 = F + p_1 A_2$$

$$p = \frac{30000 \text{N} + 0.5 \times 10^5 \text{Pa} \times 0.006 \text{m}^2}{0.01 \text{m}^2} = 3.03 \times 10^6 \text{Pa}$$

压力表 a 的读数就是液压缸左腔中的压力 p。

图 2-9c 所示为单活塞杆式液压缸油路的另一种连接方式。它把右腔的回油管道和左腔的进油管接通。这种连接方式称为差动连接。由图 2-9c 可见，当输入油液时，液压缸的左、右两腔会同时输入液压油。但由于液压缸左腔的有效作用面积大于液压

缸右腔的有效作用面积（$A_1 > A_2$），所以左腔产生的推力也大于右腔产生的推力，活塞将被迫向右运动（即向有杆腔方向运动）。同时，从液压缸右腔排出的油液也进入了左腔，很明显，油液流量为（$q + q'$），这时活塞向右运动的速度 v 为

$$v = (q + q')/A$$

设活塞直径为 D，活塞杆直径为 d，则上式可以写成

$$v = \frac{q + \frac{\pi}{4}(D^2 - d^2)v}{\frac{\pi}{4}D^2}$$

将上式化简整理可得

$$v = \frac{q}{\frac{\pi d^2}{4}} \tag{2-11}$$

式中　v——为差动连接时活塞的运动速度（m/s）。

试比较式（2-11）与式（2-7），分子同为 q 而分母 $\frac{\pi}{4}D^2$ 大于分母 $\frac{\pi d^2}{4}$，显然，差动连接时活塞运动速度较快。

差动连接能获得较大的速度，这一特点往往应用于机床中使刀具与工件快速靠近的进给传动中。在组合机床中，为保证向右快速进给的速度与向左快速退回的速度相等，可使活塞杆的面积等于活塞整个面积的 1/2，即使 $d = \frac{D}{\sqrt{2}}$。

差动连接时活塞向右产生的牵引力为

$$F = pA_1 - pA_2$$

$$= p\frac{\pi}{4}D^2 - p\frac{\pi}{4}(D^2 - d^2)$$

$$= p\frac{\pi d^2}{4} \tag{2-12}$$

比较式（2-12）和式（2-8），可知差动连接时产生的牵引

力小。在机床快进时一般都没有工作载荷，此时也不需要很大的牵引力，因此适于采用差动连接方式。

例2-5 如图2-11所示的差动连接液压缸，若已知无杆腔活塞面积为A_1，活塞杆面积为A_2，外界负载为F，试问此时液压缸左、右两腔中的压力各为多少？

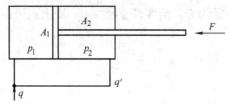

图2-11 差动连接液压缸

解 由式（2-12）可知，液压缸左腔（即无杆腔）压力p_1为

$$p_1 = \frac{F}{\frac{\pi d^2}{4}} = \frac{F}{A_2}$$

再由静压传递原理可知，此时液压缸右腔中的压力与左腔中的压力相等，即$p_1 = p_2$。

由此可看出，由于系统中的压力取决于负载，所以例2-5中若$F = 0$，则此时液压缸左、右两腔的压力也都为零。

例2-6 如图2-11所示的差动连接缸，设$A_1 = 3.14 \times 10^{-2} \text{m}^2$，活塞杆面积$A_2 = \frac{1}{2} A_1$，若此时输入的流量$q = 6 \times 10^{-4} \text{m}^3/\text{s}$，求活塞的运动速度$v$以及自液压缸右腔排出的流量$q'$。

解 由式（2-11）得

$$v = \frac{q}{\frac{\pi d^2}{4}} = \frac{2 \times 6 \times 10^{-4} \text{m}^3/\text{s}}{3.14 \times 10^{-2} \text{m}^2} \approx 0.038 \text{m/s}$$

$$q' = \frac{1}{2} A_1 v = \frac{3.14 \times 10^{-2} \text{m}^2}{2} \times 0.038 \text{m/s}$$

$$\approx 5.97 \times 10^{-4} \text{m}^3/\text{s}$$

三、液压缸的密封、缓冲和排气

（1）密封 容积式液压传动系统主要是靠密封的工作容积变化来工作的，因此液压传动系统的密封状况会直接影响系统的工作效率和性能。

液压缸的密封主要是指活塞、活塞杆和端盖的密封。常用密封圈如图 2-12 所示。活塞的密封通常采用 O 形密封圈（见图 2-12a）、皮碗式密封圈（见图 2-12b）或铸铁活塞环（见图 2-12c）。O 形密封圈结构简单，使用方便，所需空间尺寸小，但磨损后不能自动补偿，所以多用于固定密封，例如缸盖的密封大多采用 O 形密封圈。当系统对密封性要求较高时，多采用皮碗式密封圈，例如 Y 形密封圈。此种密封圈可利用液压油的压力紧贴在缸壁和活塞上。它是一种具有自密封性能的密封装置，适用于往复运动时的密封，所以广泛地应用于活塞和活塞杆的密封。铸铁活塞环是一个具有开口的金属环，断面形状为矩形。它是依靠金属弹性变形的张力压紧在液压缸内表面上而起密封作用的。由于铸铁活塞环的泄漏量较大，制造工艺复杂，配合面的精度要求高，已较少采用。

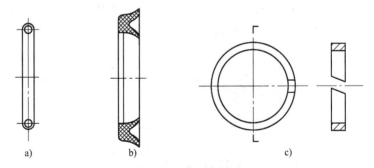

图 2-12 常用密封圈

a）O 形密封圈 b）皮碗式密封圈 c）铸铁活塞环

（2）缓冲 液压缸常用来驱动具有一定运动速度和较大质量的工作机构，其运动件有很大的动量，特别是快速动作的液压缸，在行程终端，由于惯性力很大，易使活塞与端盖发生撞击。这种撞击不仅会产生强烈的噪声，而且会严重损坏液压缸的各部件，所以必须采取有效措施来防止这种现象发生。常用的方法有：在液压回路中设置减速阀或制动阀；在液压缸外设置专用缓冲器和在液压缸内设置缓冲装置。

在液压缸内实现缓冲的方法有：

1）应用环状间隙实现缓冲。如图2-13所示，当活塞1长度为l的柱状台进入端盖2的孔中后，活塞与端盖之间的油液通过环状间隙s流出液压缸，使活塞运动速度减慢，实现缓冲。

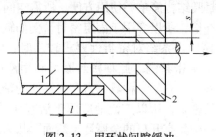

图 2-13　用环状间隙缓冲

1—活塞　2—端盖

2）用节流阀和单向阀缓冲。如图2-14所示，当活塞1向左运动到其上柱塞2完全将油腔3堵住时，油液被迫通过管路4经节流口5到达油腔3，再由油口6流出。由于节流口通道可调得

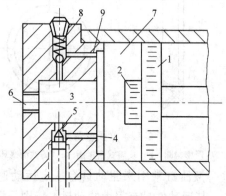

图 2-14　用节流阀和单向阀缓冲

1—活塞　2—上柱塞　3—油腔　4—管路　5—节流口
6—油口　7—左腔　8—单向阀　9—通路

很小，在活塞上柱塞2堵死油腔3后，液压缸左腔（即7）中的油压就会升高而形成缓冲压力。当活塞反向运动时，油液自油口6输入，顶开单向阀8的钢球经通路9进入液压缸的左腔（即7），使活塞迅速起动。

3）用多油孔实现缓冲。如图2-15所示，在液压缸缸壁上开有若干个径向对称布置的油孔，其孔径逐渐减小。当活塞向右运动到液压缸端部时，逐次地封住油孔，使活塞运动速度逐渐减小而实现缓冲。

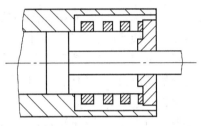

图2-15　用多油孔缓冲

（3）排气　在液压传动系统停止工作后，比油箱位置高的油液会在重力作用下流回油箱。此时，空气就有可能进入系统中。液压缸内混入了空气，会使活塞运动不稳定，产生爬行和振动现象，也会使油液氧化，腐蚀元件，所以需要排气。液压缸的排气口通常设在液压缸安装位置确定后的端部最高处，常用排气塞或排气阀排气。如图2-16所示，当松开排气阀螺钉时，带着空气的油液便通过锥面间隙经小孔溢出，在将系统内气体排完后，再拧紧螺钉，使锥面密封。

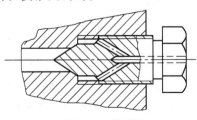

图2-16　排气阀

◇◇◇ **第三节　液压控制阀**

一、液压控制阀概述

为保证液压传动装置各机构得到所要求的平稳而协调的动作，必须对液体的流动方向、压力、流量进行调节或控制。用来实现这些功能的液压元件统称为液压控制阀。

液压控制阀按其作用不同分为：

（1）方向控制阀　通过对液流流动方向的控制来实现对液压机械运动方向的控制，如换向、起动、停止。

（2）压力控制阀　用来实现系统压力的调节，如保持系统压力稳定，限制系统最高压力，利用压力的不同实现顺序动作或降低系统压力，给回路一定的背压等。

（3）流量控制阀　用来调节液流流量以达到对运动部件运动速度的调节。

液压控制阀按额定工作压力的不同又可分为高压阀、中压阀和低压阀。这种分类方法对方向控制阀、压力控制阀和流量控制阀都适用。

为了缩短管路和减少元件数目，有时把两个或两个以上的阀类元件安装在一个阀体内而形成复合阀。根据应用不同，其类别很多，常见的有单向顺序阀、单向行程节流阀等。

阀体与管路的连接形式有3种：

（1）管式连接　如图2-17a所示，它是将管接头直接拧紧在阀体上。

（2）板式连接　如图2-17b所示，阀体用螺钉固定在钻有通油孔道的油路板上，管接头也拧紧在油路板上。

（3）法兰连接　如图2-17c所示，阀体与管路直接用法兰连接。法兰连接多用于流量很大的情况，在机床上用得不多。目前板式连接的应用越来越广。

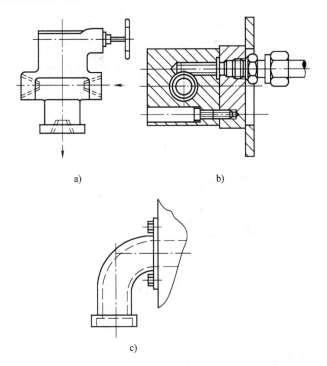

a) b)

c)

图 2-17 液压阀连接形式

a) 管式连接 b) 板式连接 c) 法兰连接

二、方向控制阀

控制油液流动方向的阀称为方向控制阀（简称为方向阀）。常用的方向控制阀有单向阀和换向阀。

1. 单向阀

单向阀是保证通过阀的液流只向一个方向流动而不能反向流动的方向控制阀。单向阀一般由阀体、阀芯和弹簧等零件构成，如图 2-18 所示。

当液压油从进油口 P_1 流入时，顶开阀芯 2，经出油口 P_2 流出。当液流反向流动时，在弹簧 3 和液压油的作用下，阀芯压紧在阀体 1 上，截断通道，使油液不能通过。根据单向阀的使用特点，要求油液正向通过时阻力要小，液流有反向流动趋势时，关

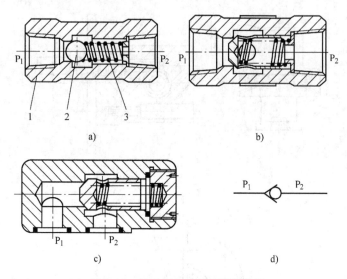

图 2-18　单向阀的结构及图形符号
a) 钢球式　b)、c) 锥式　d) 图形符号
1—阀体　2—阀芯　3—弹簧

闭动作要灵敏，关闭后密封要好。因此弹簧通常很软，开启压力一般仅为（3.5～5.0）×10⁴Pa，主要用于克服摩擦力。

单向阀的阀芯分为钢球式（见图 2-18a）和锥式（见图 2-18b、c）两种。钢球式阀芯结构简单，价格低，但密封性较差，一般仅用在低压、小流量的液压传动系统中。锥式阀芯阻力小，密封性好，使用寿命长，所以应用较广，多用于高压、大流量的液压传动系统中。

单向阀的连接方式分为管式连接（见图 2-18a、b）和板式连接（见图 2-18c）两种。管式连接单向阀的进、出油口制成管螺纹，直接与管路的接头连接；板式连接单向阀的进、出油口为孔口带平底锪孔的圆柱孔，用螺钉固定在底板上，平底锪孔中安放 O 形密封圈，底板与管路接头之间采用螺纹联接。其他各类控制阀也有管式连接和板式连接两种结构。

在液压传动系统中，有时需要使被单向阀所闭锁的油路重新接通，为此可把单向阀做成闭锁方向能够控制的结构，这就是液控单向阀。

图 2-19a 所示为液控单向阀的结构及图形符号。当控制油口 K 不通，控制压力时，油液只能从进油口 P_1 进入，顶开阀芯 3，从出油口 P_2 流出，油液不能反向流动。当从控制油口 K 通入控制液压油时，活塞 1 左端受油压作用而向右移动（活塞右端油腔 a 与泄油口相通，图 2-19a 中未画出），通过顶杆 2 将阀芯 3 向右顶开，使进油口 P_1 与出油口 P_2 接通，油液可在两个方向自由流通。控制用的最小油压为液压传动系统主油路油压的 0.3～0.4 倍。

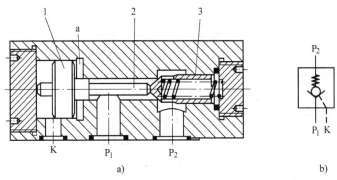

图 2-19　液控单向阀的结构及图形符号

a）结构　b）图形符号

1—活塞　2—顶杆　3—阀芯

液控单向阀也可以做成常开式结构，即平时油路畅通，需要时通过液控闭锁一个方向的油液流动，使油液只能单方向流动。

2. 换向阀

换向阀通过改变阀芯和阀体间的相对位置，控制油液流动方向，接通或关闭油路，从而改变液压传动系统的工作状态。常用换向阀的阀芯在阀体内做往复滑动，称为滑阀。滑阀是一个有多段环形槽的圆柱体，其直径大的部分称为凸肩。凸肩与阀体内孔相配合。阀体内孔中加工有若干段环形槽，阀体上有若干个与外部相通的通路口,并与相应的环形槽相通,如图 2-20 所示。

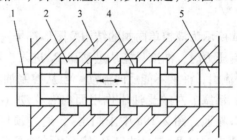

图 2-20 滑阀结构
1—滑阀 2—环形槽 3—阀体
4—凸肩 5—阀孔

(1) 换向阀的工作原理 图 2-21 所示为三位四通换向阀的换向工作原理。换向阀有 3 个工作位置(滑阀分别在中间和左右两端)和 4 个通路口(压力油口 P、回油口 T 以及通往执行元件两端的油口 A 和 B)。当滑阀处于中间位置时(见图 2-21a),滑阀的两个凸肩将 A、B 油口封死,并隔断进油口 P 和回油口 T,换向阀阻止向执行元件供液压油,执行元件不工作;当滑阀处于右位时(见图 2-21b),液压油从 P 口进入阀体,经 A 口通向执行元件,而从执行元件流回的液压经 B 口进入阀体,并由回油口 T 流回油箱,执行元件在液压油作用下向某一规定方向运动;当滑阀处于左位时(见图 2-21c),液压油经 P、B 口通向执行元件,回油则经 A、T 口流回油箱,执行元件在液压油作用下反向运动。控制时滑阀在阀体内做轴向移动,通过改变各油口间的连接关系,实现油液流动方向的改变,这就是滑阀式换向阀的工作原理。

(2) 换向阀的种类、图形符号 换向阀中滑阀的工作位置称为“位”,与液压传动系统中油路相连通的油口称为“通”。常用换向阀的种类有:二位二通、二位三通、二位四通、二位五通、三位三通、三位四通、三位五通等。常用的控制滑阀移动的方法有人力、机械、电力、直接压力和先导控制等。

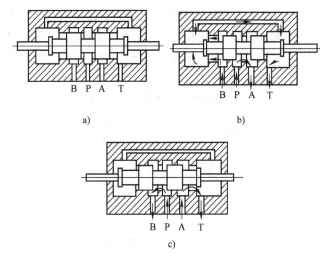

图 2-21　滑阀式换向阀的工作原理图

a）滑阀处于中位　b）滑阀处于右位　c）滑阀处于左位

各类换向阀的图形符号见表 2-1。

表 2-1　各类换向阀的图形符号

项目	图例			说明
位	一位	二位	三位	"位"是指阀与阀的切换工作位置，用方格表示
	□	□□	□□□	
位与通	二位二通（常开）	二位三通	二位四通	"通"是指阀的通路口，即箭头"↑"或封闭符号"⊥"与方格的交点数 三位阀的中格和两位阀画有弹簧的一格为阀的常态位。常态位应绘制出外部连接油口（方格外的短竖线）
	二位五通	三位四通	三位五通	
阀口标志	压力油的进油口		通油箱的回油口	连接执行元件的工作油口
	P		T	A、B

换向阀的控制方式和复位弹簧符号画在主体符号的两端。换向阀按控制阀芯移动方式的不同分为手动式控制、顶杆式控制、滚轮杠杆式控制、单作用电磁铁式控制和液压式控制等。其图形符号见表2-2。

表2-2　换向阀常用控制方式的图形符号

手动式控制	顶杆式控制	滚轮杠杆式控制	单作用电磁铁式控制	液压式控制

一个换向阀的完整图形符号应是具有表明各工作位置、油口和在各工作位置上油口的连通关系、控制方法以及复位、定位方法的符号。

（3）三位四通换向阀的中位滑阀机能　三位四通换向阀的滑阀在阀体中有左、中、右三个工作位置。左、右工作位置使执行元件获得不同的运动方向；中间位置则可利用不同形状及尺寸的阀芯结构，得到多种不同的油口连接方式，除能够使执行元件停止运动外，还具有其他一些功能。三位四通换向阀在中间位置时油口的连接关系称为滑阀机能。三位四通换向阀中位滑阀机能的图形符号如图2-22所示。常用的三位四通换向阀滑阀机能的特点见表2-3。

表2-3　常用的三位四通换向阀中位滑阀机能的特点

图形符号	结构简图	中位滑阀机能的特点
		各油口全封闭，液压缸锁紧，液压泵及系统不卸荷，并联的其他执行元件的运动不受影响

（续）

图形符号	结构简图	中位滑阀机能的特点
		各油口全连通，液压泵及系统卸荷，活塞在液压缸中浮动
		进油口封闭，液压缸两腔与回油口连通（经内部通路，图未示出），活塞在液压缸中浮动，液压泵及系统不卸荷
		回油口封闭，进油口与液压缸两腔连通，液压泵及系统不卸荷，可实现差动连接
		进油口与回油口连通，液压缸锁紧，液压泵及系统卸荷

（4）常用换向阀

1）手动换向阀。手动换向阀是用人力控制方法改变阀芯工作位置的换向阀，有二位二通、二位四通和三位四通等多种形式。图2-22所示为三位四通手动换向阀的结构及图形符号。当将手柄上端向左扳时，阀芯2向右移动，进油口P和油口A接通，油口B和回油口T接通。当将手柄上端向右扳时，阀芯左移，这时进油口P和油口B接通，油口A通过环形槽、阀芯中心通孔与回油口T接通，实现换向。松开手柄时，右端的弹簧使阀芯恢复到中间位置，断开油路。这种换向阀不能定位在左、右两端位置上。若需阀芯在左、中、右三个位置上均可定位，可将弹簧换成定位装置。

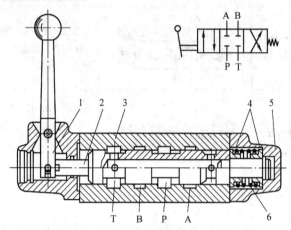

图 2-22 三位四通手动换向阀的结构及图形符号

1—手柄 2—滑阀(阀芯) 3—阀体 4—套筒 5—端盖 6—弹簧

2) 机动换向阀。机动换向阀又称为行程换向阀，是用机械控制方法改变阀芯工作位置的换向阀，常用的有二位二通（常闭和常通）、二位三通、二位四通和二位五通等多种。图 2-23 所示为二位二通常闭式行程换向阀的结构及图形符号。阀芯 3 的移动通过挡铁（或凸轮）推压阀杆 2 顶部的滚轮 1，使阀杆推动阀芯 3 下移实现。当挡铁移开时，阀芯 3 靠其底部的弹簧 4 复位。

3) 电磁换向阀。电磁换向阀简称为电磁阀，是利用电磁铁吸合时产生的推动力来改变阀芯工作位置的换向阀。图 2-24 所示为二位三通电磁换向阀的结构及图形符号。当电磁铁通电时，衔铁通过推杆 1 将阀芯 2 推向右端，进油口 P 与油口 B 接通，油口 A 被关闭。当电磁铁断电时，弹簧 3 将阀芯 2 推向左端，油口 B 被关闭，进油口 P 与油口 A 接通。

图 2-25 所示为三位四通电磁换向阀的结构及图形符号。当右侧的电磁线圈 4 通电时，吸合衔铁 5 将阀芯 2 推向左位，这时

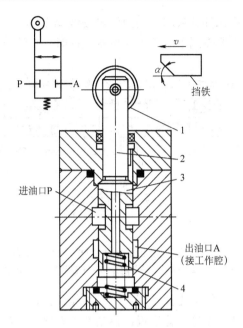

图2-23 二位二通常闭式行程换向阀的结构及图形符号
1—滚轮 2—阀杆 3—阀芯 4—弹簧

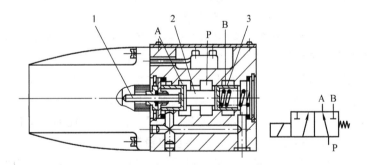

图2-24 二位三通电磁换向阀的结构及图形符号
1—推杆 2—阀芯 3—弹簧

进油口 P 和油口 B 接通，油口 A 与回油口 T 相通；当左侧的电
磁线圈通电时（右侧电磁线圈断电），阀芯 2 被推向右位，这时
进油口 P 和油口 A 接通，油口 B 经阀体内部管路与回油口 T 相

通，实现执行元件的换向；当两侧电磁线圈都不通电时，阀芯2在两侧弹簧3的作用下处于中间位置，这时4个油口均不相通。

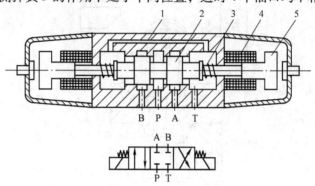

图2-25　三位四通电磁换向阀的结构及图形符号
1—阀体　2—阀芯　3—弹簧　4—电磁线圈　5—衔铁

电磁换向阀的电磁铁可用按钮、行程开关、压力继电器等电气元器件控制，无论位置远近，控制都很方便，且易于实现动作转换的自动化，因而得到广泛的应用。根据使用电源的不同，电磁换向阀分为交流和直流两种。电磁换向阀用于流量不超过 $1.05 \times 10^{-3} \mathrm{m^3/s}$ 的液压传动系统中。

4）液动换向阀。液动换向阀是用直接压力控制方法改变阀芯工作位置的换向阀。图2-26所示为三位四通液动换向阀的结构及图形符号。它是靠液压油推动阀芯来改变工作位置，从而实现换向的。当控制油路的液压油从阀右边控制油口 K_2 进入右控制油腔时，推动阀芯左移，使进油口P与油口B接通，油口A与回油口T接通；当液压油从阀左边控制油口 K_1 进入左控制油腔时，推动阀芯右移，使进油口P与油口A接通，油口B与回油口T接通，实现换向；当两控制油口 K_1 和 K_2 均不通控制液压油时，阀芯在两端弹簧作用下居中，恢复到中间位置。

由于液压油可以产生很大的推力，所以液动换向阀可用于高压大流量的液压传动系统中。

5）电液换向阀。电液换向阀是用间接压力控制（有时可称

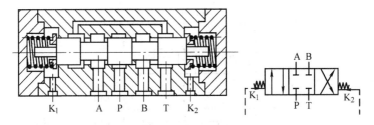

图 2-26 三位四通液动换向阀的结构及图形符号

为先导控制）方法改变阀芯工作位置的换向阀。电液换向阀由电磁换向阀和液动换向阀组合而成。电磁换向阀起先导作用，称为先导阀，用来控制液流的流动方向，从而改变液动换向阀（称为主阀）的阀芯位置，实现用较小的电磁铁来控制较大的液流。

图 2-27 所示为三位四通电液换向阀的图形符号。当先导阀右端电磁铁通电时，阀芯左移，控制油路的液压油进入主阀右控制油腔，使主阀阀芯左移（左控制油腔中的液压油经先导阀泄回油箱），使进油口 P 与油口 A 相通，油口 B 与回油口 T 相通；当先导阀左端电磁铁通电时，阀芯右移，控制油路的压力进入主阀左控制油腔，推动主阀阀芯右移（主阀右控制油腔的液压油经先导阀泄回油箱），使进油口 P 与油口 B 相通，油口 A 与回油口 T 相通，实现换向。

三、压力控制阀

在液压传动系统中，控制工作液体压力的阀称为压力控制阀，简称为压力阀。常用的压力控制阀有溢流阀、减压阀和顺序阀等。它们的共同特点是：利用油液的液压作用力与弹簧力相平衡的原理来进行工作。

1. 溢流阀

（1）溢流阀的作用和分类

1）溢流阀在液压传动系统中的作用主要有两个方面：一是起溢流和稳压作用，保持液压传动系统的压力恒定；二是起限压保护作用，防止液压传动系统过载。溢流阀通常接在液压泵出油口处的油路上。

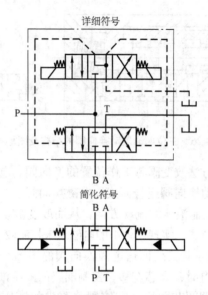

图 2-27　三位四通电液换向阀的图形符号

2）根据结构和工作原理的不同，溢流阀可分为直动式溢流阀和先导式溢流阀两类。

（2）直动式溢流阀的结构和工作原理　直动式溢流阀的结构及图形符号如图 2-28 所示。其工作原理如图 2-29 所示。由图 2-29 可知，当作用于阀芯 3 底面的液压作用力 $pA < F_弹$ 时，阀芯 3 在弹簧力的作用下往下移并关闭回油口 T，没有油液流回油箱。当系统压力 $pA > F_弹$ 时，弹簧被压缩，阀芯 3 上移，打开回油口 T，部分油液流回油箱，限制压力继续升高，使液压泵出油口处压力保持 $p = F_弹/A$ 恒定值。调节弹簧力 $F_弹$ 的大小，即可调节液压传动系统压力的大小。

直动式溢流阀结构简单，制造容易，成本低，但油液压力直接靠弹簧平衡，所以压力稳定性较差，动作时有振动和噪声。此外，当系统压力较高时，要求弹簧刚度大，使阀的开启性能变坏。所以直动型溢流阀只用于低压液压传动系统中。

（3）先导式溢流阀的结构和工作原理　先导式溢流阀的结构

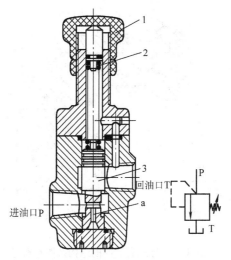

图 2-28 直动式溢流阀的结构及图形符号

1—调压螺母 2—弹簧 3—阀芯

及图形符号如图 2-30 所示。其由先导阀 I 和主阀 II 两部分组成。先导阀实际上是一个小流量的直动式溢流阀。阀芯是锥阀，用来控制压力；主阀阀芯是滑阀，用来控制溢流流量。

其工作原理如图 2-31 所示。液压油经进油口 P、通道 a 进入主阀芯 5 底部油腔 A，并经节流小孔 b 进入上部油腔，再经通道 c 进入先导阀右侧油腔 B，给锥阀 3 以向左的作用力，调压弹簧 2 给锥阀 3 以向右的弹簧力。在稳定状态下，当油液压力 p_1 较小时，作用于锥阀 3 上的液压作用力小于弹簧力，先导阀关闭。此时，没有油液流过节流小孔 b，油

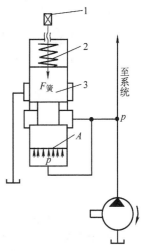

图 2-29 直动式溢流阀的工作原理

1—调压螺母 2—弹簧
3—阀芯

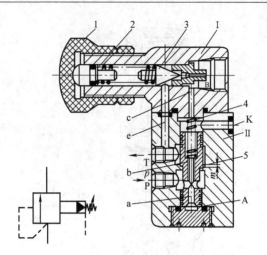

图 2-30　先导式溢流阀的结构及图形符号

1—调节螺母　2—调压弹簧　3—锥阀　4—主阀弹簧　5—主阀芯

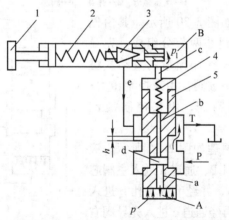

图 2-31　先导式溢液阀的工作原理

1—调节螺母　2—调压弹簧　3—锥阀　4—主阀弹簧　5—主阀芯

腔 A、B 内的压力相同，在主阀弹簧 4 的作用下，主阀芯 5 处于最下端位置，回油口 T 关闭，没有溢油。当油液压力 p_1 增大，使作用于锥阀 3 上的液压作用力大于弹簧 2 的弹簧力时，先导阀开启，油液经通道 e、回油口 T 流回油箱。这时，液压油流经节流小孔 b 时产生压力降，使 B 腔内油液压力 p_1 小于油腔 A 中油液压力 p，由此压力差（$p - p_1$）产生的向上作用力超过主阀弹簧 4 的弹簧力并克服主阀芯 5 的自重和摩擦力时，主阀芯 5 向上移动，接通进油口 P 和回油口 T，溢流阀溢油，使油液压力 p 不超过设定压力。p 随着溢流而下降，p_1 也随之下降，直到作用于锥阀 3 上的液压作用力小于调压弹簧 2 的弹簧力时，先导阀关闭，节流小孔 b 中没有油液流过，$p_1 = p$，主阀芯 5 在主阀弹簧 4 的作用下往下移动，关闭回油口 T，停止溢流。这样，在系统压力超过固定压力时，溢流阀溢油，不超过时则不溢油，起到限压、溢流作用。

先导式溢流阀设有远程控制口 K（见图 2-30），可以实现远程调压（与远程调压阀接通）或卸荷（与油箱接通），不用时封闭。

先导式溢流阀压力稳定，波动小，主要用于中压液压传动系统中。

2. 减压阀

（1）减压阀的作用和分类

1）减压阀用来降低液压传动系统中某一分支油路的压力，使之低于液压泵的供油压力，以满足执行机构（如夹紧、定位油路，制动、离合油路，系统控制油路等）的需要，并保持基本恒定。

2）减压阀根据机构和工作原理的不同，分为直动式减压阀和先导式减压阀两类。系统中一般采用先导式减压阀。

（2）先导式减压阀的结构和工作原理　先导式减压阀的结构及图形符号如图 2-32 所示。其结构与先导式溢流阀的结构相似，也是由先导阀 I 和主阀 II 两部分组成的。两阀的主要零件可互相通用。它们主要区别是：减压阀的进、出油口位置与溢流阀相反；减压阀的先导阀控制出油口油液压力，而溢流阀的先导阀控制进油口油液压力。由于减压的进、出油口油液均有压力，所以其先导阀的泄油不能像溢流阀一样流入回油口，因此必须设有单独的泄油口。减压阀主阀芯中间多一个凸肩（即三节杆），在正常情况下，减压阀阀口开得很大（常开），而溢流阀阀口则关闭（常闭）。

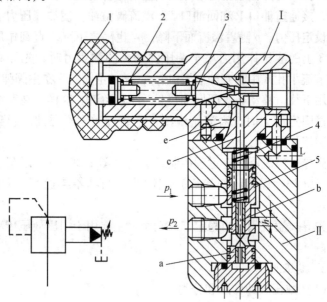

图 2-32　先导式减压阀的结构及图形符号
1—调节螺母　2—调压弹簧　3—锥阀　4—主阀弹簧　5—主阀芯

　　先导式减压阀的工作原理如图 2-33 所示。液压传动系统主油路的高压油液（压力为 p_1）从进油口 P_1 进入减压阀，经节流口（高度为 h）减压后变为压力为 p_2 的低压油液从出油口 P_2 输出，经分支油路送往执行机构。同时，低压油液（压力为 p_2）经通道 a 进入主阀芯 5 下端油腔，又经节流小孔 b 进入主阀芯 5 上端油腔，且经通道 c 进入先导阀锥阀 3 右端油腔，给锥阀一个向左的液压力。该液压力与调压弹簧 2 的弹簧力相平衡，从而控制低压油基本保持调定压力。当出油口的低压油的压力 p_2 低于调定压力时，锥阀 3 关闭，主阀芯 5 上端油腔油液压力 $p_3 = p_2$，主阀弹簧 4 的弹簧力克服摩擦阻力将主阀芯 5 推向下端，节流口

高度 h 增大，减压阀处于不工作状态。当分支油路负载增大时，p_2 升高，p_3 随之升高，在 p_3 超过调定压力时，锥阀 3 打开，少量油液经锥阀口、通道 e，由泄油口流回油箱。由于这时有油液流过节流小孔 b，产生压力降，使 $p_3 < p_2$。当此压力差所产生的向上作用力大于主阀芯 5 的重力、摩擦力、主阀弹簧力之和时，主阀芯 5 向上移动，使节流口高度 h 减小，节流加剧，p_2 随之下降，直到作用在主阀芯 5 上的诸力相平衡，主阀芯 5 便处于新的平衡位置，节流口高度 h 保持一定的开启量。

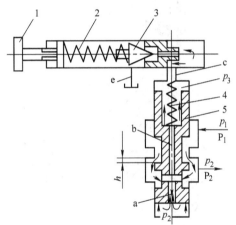

图 2-33　先导式减压阀的工作原理

1—调节螺母　2—调压弹簧　3—锥阀　4—主阀弹簧　5—主阀芯

3. 顺序阀

（1）顺序阀的作用和分类

1）顺序阀是控制液压传动系统各执行元件先后顺序动作的压力控制阀，实质上是一个由液压油控制启闭的二通阀。

2）顺序阀根据结构和工作原理的不同，可以分为直动式顺序阀和液控顺序阀两类，系统中一般使用直动式顺序阀。

（2）直动式顺序阀的结构和工作原理　直动式顺序阀的结构及图形符号如图 2-34 所示。其结构和工作原理都和直动式溢流阀相似。液压油自进油口 P_1 进入阀体，经阀芯中间小孔流入阀芯底部油腔，对阀芯产生一个向上的液压作用力。当液压油的压力较低时，液压作用力小于阀芯上部的弹簧力，在弹簧力作用下，阀芯处于下端位置，P_1 和 P_2 两油口被隔开。当液压油的压力升高到作用于阀芯底端的液压作用力大于调定的弹簧力时，在液压作用力的作用下，阀芯上移，使进油口 P_1 和出油口 P_2 相通，液压油自 P_2 口流出，可控制另一执行元件动作。

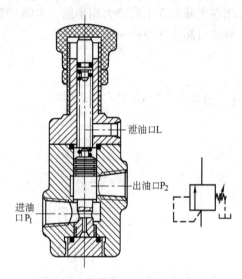

图 2-34　直动式顺序阀的结构及图形符号

（3）液控顺序阀的结构和工作原理　液控顺序阀的结构及图形符号如图 2-35 所示。它与直动式顺序阀的主要差异在于阀芯下部有一个控制油口 K。当由控制油口 K 进入阀芯下端油腔的控制液压油产生的液压作用力大于阀芯上端调定的弹簧力时，阀芯上移，使进油口 P_1 与出油口 P_2 相通，液压油自 P_2 口流出，控制另一执行元件动作。

若将出油口 P_2 与油箱接通，则液控顺序阀可用作卸荷阀。

（4）顺序阀与溢流阀的主要区别

1）溢流阀的出油口连通油箱，顺序阀的出油口通常连接另

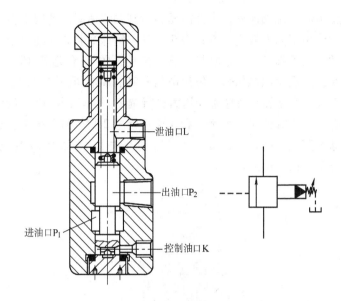

图 2-35　液控顺序阀的结构及图形符号

一工作油路，因此顺序阀的进、出油口处的油液都具有一定压力。

2）溢流阀打开后，进油口的油液压力基本上保持在调定压力值附近；顺序阀打开后，进油口的油液压力可以继续升高。

3）溢流阀出油口连通油箱，其内部泄油可通过出油口流回油箱，而顺序阀出油口油液具有一定压力，且通往另一工作油路，所以顺序阀的内部要有单独设置的泄油口，如图 2-34 中的 L。

4. 压力继电器

压力继电器是将液压传动系统中的压力信号转换为电信号的转换装置。它的作用是：根据液压传动系统的压力变化，通过压力继电器的微动开关，自动接通或断开有关电路，以实现顺序动作或安全保护等。

图 2-36 所示为压力继电器的结构及图形符号。控制油口 K

与液压传动系统相连通，当油液压力达到调定值时，薄膜1在液压力的作用下向上鼓起，使柱塞5上升，钢球8和2在柱塞锥面的推动下水平移动，通过杠杆9压下微动开关11的触销10，接通电路，从而发出电信号。发出电信号时的油液压力可通过调节螺钉7来改变弹簧6对柱塞的压力进行调定。当控制油口K的压力下降到一定数值时，弹簧6和3通过钢球2将柱塞5压下，这时钢球8落入柱塞5的锥面槽内，微动开关11的触销10复位，将杠杆9推回，电路断开。

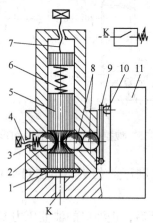

图2-36　压力继电器的结构及图形符号

1—薄膜　2、8—钢球　3、6—弹簧　4、7—调节螺钉

5—柱塞　9—杠杆　10—触销　11—微动开关

四、流量控制阀

在液压传动系统中，控制工作液体流量的阀称为流量控制阀，简称为流量阀。常用的流量控制阀有节流阀、调速阀、分流阀等。其中，节流阀是最基本的流量控制阀。流量控制阀通过改变节流口的大小调节通过阀口的液压油流量，从而改变执行元件的运动速度，通常用于定量泵的液压传动系统中。

1. 流量控制阀的流量特性

（1）流量控制阀的工作原理　油液流经小孔、狭缝或毛细管时，会产生较大的液阻。通流面积越小，油液受到的液阻越大。通过阀口的油流量就越小。所以，改变节流口的通流面积，使液阻发生变化，就可以调节流量的大小，这就是流量控制阀的工作原理。大量试验证明，节流口的流量特性可以表示为

$$q_V = KA_O (\Delta p)^n \tag{2-13}$$

式中　q_V——通过节流口的流量（m^3/s）；

A_O——节流口的通流面积（m^2）；

Δp——节流口前后的压力差（Pa）；

K——流量系数，随着节流口形式和油液粘度的变化而变化；

n——节流口形式参数，一般在 0.5～1 之间，节流路程短时取小值，节流路程长时取大值。

（2）节流口的形式　节流口的形式很多，图 2-37 所示为常用的几种。图 2-37a 所示为针阀式节流口。其阀芯做轴向移动时，改变环形通流截面积，从而对流量进行调节。图 2-37b 所示为偏心式节流口。其阀芯上开有一个截面形状为三角形（或矩形）的偏心槽，当转动阀芯时，就可以调节通流截面积，从而

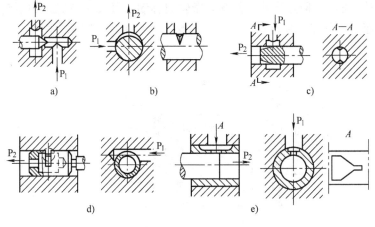

图 2-37　节流口的形式

a）针阀式　b）偏心式　c）轴向三角槽式　d）周向缝隙式　e）轴向缝隙式

对流量进行调节。这两种形式的节流口结构简单，制造容易，但节流口容易堵塞，流量不稳定，适用于性能要求不高的场合。图2-37c 所示为轴向三角槽式节流口。其阀芯端部开有一个或两个斜的三角形沟槽，轴向移动阀芯时，就可以改变三角形沟槽通流截面积，从而对流量进行调节。图2-37d 所示为周向缝隙式节流口。其阀芯上开有狭缝，油液可以通过狭缝流入阀芯内孔，然后由左侧孔流出，旋转阀芯就可以改变缝隙的通流截面积。图2-37e 所示为轴向缝隙式节流口。其套筒上开有轴向缝隙，轴向移动阀芯即可改变缝隙的通流面积，以调节流量。这三种节流口性能较好，尤其是轴向缝隙式节流口，其节流通道厚度可薄到 0.07～0.09mm，可以得到较小的稳定流量。

2. 节流阀

常用的节流阀有可调节流阀、不可调节流阀、可调单向节流阀和减速阀等。

（1）可调节流阀　图2-38 所示为可调节流阀的结构及图形符号。其节流口采用轴向三角槽形式，液压油从进油口 P_1 流入，经通道 b、阀芯 3 右端的节流沟槽和通道 a 从出油口 P_2 流出。转动手柄 1，通过推杆 2 使阀芯做轴向移动，可改变节流口的通流面积，从而实现流量的调节。弹簧 4 的作用是使阀芯向左抵紧在

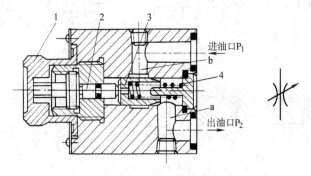

图 2-38　可调节流阀的结构及图形符号

1—手柄　2—推杆　3—阀芯　4—弹簧

推杆上。这种节流阀的结构简单，制造容易，体积小，但负载和温度的变化对流量的稳定性影响较大，因此只适用于负载和温度变化不大或对执行机构速度稳定性要求较低的液压传动系统。

（2）可调单向节流阀 图 2-39 所示为可调单向节流阀的结构及图形符号。从工作原理来看，可调单向节流阀是可调节流阀和单向阀的组合，在结构上是一个阀芯同时起节流阀和单向阀的作用。当液压油从油口 P_1 流入时，油液经阀芯上的轴向三角槽节流口从油口 P_2 流出，旋转手柄可改变节流口通流面积，从而对流量进行调节。当液压油从油口 P_2 流入时，在油压作用下，阀芯下移，液压油从油口 P_1 流出，起单向阀作用。

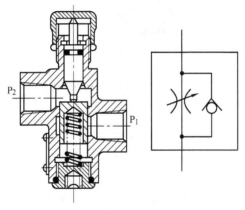

图 2-39 可调单向节流阀的结构及图形符号

（3）减速阀 减速阀是滚轮控制可调节流阀，又称为行程节流阀。其工作原理是：通过行程挡块压下滚轮，使阀芯下移，改变节流口通流面积，减小流量，从而实现减速。图 2-40 所示为与单向阀组合的减速阀的结构及图形符号。单向减速阀又称为单向行程节流阀，可以满足以下所述机床液压进给系统的快进、工进、快退工作循环的需要。

1）快进。快进时，阀芯 1 未被压下，液压油从油口 P_1 不经节流口流往油口 P_2，执行元件快进。

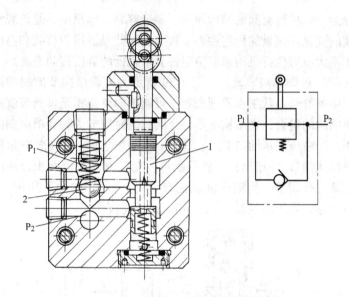

图 2-40　单向减速阀的结构及图形符号
1—阀芯　2—钢球

2）工进。当行程挡块压在滚轮上，使阀芯下移一定距离，将通道大部分遮断时，由阀芯上的三角槽节流口调节流量，实现减速，执行元件慢进（工进）。

3）快退。液压油从油口 P_2 进入，推开单向阀阀芯（钢球），油液直接由油口 P_1 流出，不经节流口，执行元件快退。

（4）影响节流阀流量稳定的因素　节流阀是利用油液流动时的液阻来调节阀的流量的。产生液阻的方式：一种是采用薄壁小孔或缝隙节流，造成压力的局部损失；另一种是采用细长小孔（毛细管）节流，造成压力的沿程损失。实际上各种形式的节流口介于两者之间。一般希望在节流口通流面积调好后，流量稳定不变，但实际上流量会发生变化，尤其是流量较小时变化更大。影响节流阀流量稳定的主要因素如下：

1）节流阀前后的压力差。随着外部负载的变化，节流阀前后的压力差 Δp 将发生变化，流量 q_V 也随之变化。

2）节流口的形式。节流口的形式将影响流量系数 K 和参数 n。

3）节流口堵塞。

4）油液的温度。因压力损失而消耗的能量通常转换为热能，使油液温度升高，油液发热会使油液粘度发生变化，导致流量系数 K 变化，进而使流量产生变化。

在上述因素影响下，当使用节流阀调节执行元件的运动速度时，其速度将随着负载和温度的变化而波动。因此对速度稳定性要求高的场合，要使用流量稳定性好的调速阀。

3. 调速阀

（1）调速阀的组成及其工作原理　调速阀是由一个定差减压阀和一个可调节流阀串联组合而成的。用定差减压阀来保证可调节流阀前后的压力差 Δp 不受负载变化的影响，从而使通过节流阀的油液流量保持稳定。

图 2-41 所示为调速阀的工作原理及图形符号。液压油（压力为 p_1）经节流减压后以压力 p_2 进入节流阀，然后以压力 p_3 进入液压缸左腔，推动活塞以速度 v 向右运动。节流阀前后的压力差 $\Delta p = p_2 - p_3$。减压阀阀芯 1 上端的油腔 b 经通道 a 与节流阀出油口相通，其油液压力为 p_3；其肩部油腔 c 和下端油腔 d 经通道 f 和 e 与节流阀进油口（即减压阀出油口）相通，其油液压力为 p_2。当作用于液压缸的负载 F 增大时，压力 p_3 也增大，作用于减压阀阀芯 1 上端的液压力也随之增大，使阀芯下移，减压阀进油口处的开口加大，压力减小，因而使减压阀出口（节流阀进口）处压力 p_2 增大，结果保持了节流阀前后的压力差（$\Delta p = p_2 - p_3$）基本不变。当负载 F 减小时，压力 p_3 减小，减压阀阀芯 1 上端油腔压力减小，阀芯在油腔 c 和 d 中液压油（压力为 p_2）的作用下上移，使减压阀进油口处开口减小，压力降增大，因而使 $\Delta p = p_2 - p_3$ 基本不变。

因为减压阀阀芯 1 上端油腔 B 的有效作用面积 A 与下端油腔 c 和 d 的有效作用面积相等，所以在稳定工作时，不计阀芯的

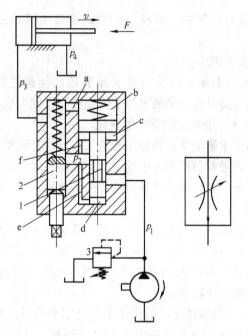

图 2-41　调速阀的工作原理及图形符号

1—减压阀阀芯　2—节流阀阀芯　3—溢流阀

自重及摩擦力的影响，减压阀阀芯上的力平衡方程为

$$p_2 A = p_3 A + F_{簧}$$

　　或　　　　　　$$p_2 - p_3 = F_{簧} / A \qquad (2\text{-}14)$$

式中　p_2——节流阀前（即减压阀后）的油液压力（Pa）；

　　　p_3——节流阀后的油液压力（Pa）；

　　　$F_{簧}$——减压阀弹簧的弹簧作用力（N）；

　　　A——减压阀阀芯大端有效作用面积（m²）。

　　因为减压阀阀芯弹簧很软（刚度很低），当阀芯上下移动时，其弹簧作用力 $F_{簧}$ 变化不大，所以节流阀前后的压力差 $\Delta p = p_2 - p_3$ 基本上为常量。也就是说当负载变化时，通过调速阀的油液流量基本不变，液压传动系统执行元件的运动速度保持稳定。

（2）调速阀的结构　图 2-42 所示为调速阀的结构。调速阀由阀体 3、减压阀阀芯 7、减压阀弹簧 6、节流阀阀芯 4、节流阀弹簧 5、调速杆 2 和调速手柄 1 等组成。液压油（压力为 p_1）从进油口进入环形通道 f，经减压阀阀芯 7 处的夹缝减压为 p_2 后到达环形槽 e，再经孔 g 的节流阀阀芯 4 的轴向三角槽节流后压力变成 p_3，由油腔 b、孔 a 从出油口流出（图 2-42 中未示出）。节流阀前的液压油经孔 d 进入减压阀阀芯 7 大端的右腔，并经阀芯的中心通孔流入阀芯小端的右腔。节流阀后的液压油（压力为 p_3）经孔 a 和孔 c（孔 a 到孔 c 的通道图 2-42 中未示出）进入减压阀阀芯大端的左腔。转动调速手柄 1，通过调速杆 2 可使节流阀阀芯 4 轴向移动，从而调节所需的流量。

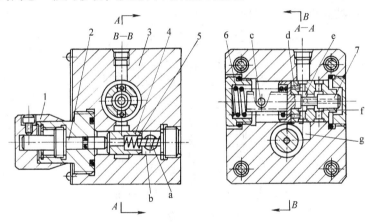

图 2-42　调速阀的结构
1—调速手柄　2—调速杆　3—阀体　4—节流阀阀芯
5—节流阀弹簧　6—减压阀弹簧　7—减压阀阀芯

其他常用的调速阀还有与单向阀组合成的单向调速阀和可减小温度变化对流量稳定性影响的温度补偿调速阀等。

五、液压传动系统辅助装置简介

液压传动系统中的辅助装置包括油箱、油管、管接头、过滤器、压力表、蓄能器和密封装置等。它们是液压传动系统的重要组成部分。除油箱通常需要自行设计外，其余均为标准件。这些辅助装置虽起辅助作用，但它们对系统工作稳定性、效率和寿命等至关重要，因此必须给予足够的重视。

1. 油箱

油箱在液压传动系统中的作用是贮油、散热及分离油液中的空气和杂质。

在液压传动系统中，可利用床身或底座内的空间作油箱，也可采用单独油箱。前者结构较紧凑，回收漏油也较方便，但油液温度的变化容易使床身产生热变形，液压泵的振动也会影响机械的工作性能，所以精密机械多采用单独油箱。

油箱的结构如图2-43所示。为了保证油箱的作用，在结构上应注意以下几个方面：

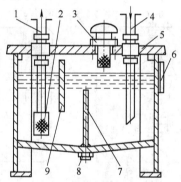

图2-43　油箱的结构

1—吸油管　2—网式过滤器　3—空气过滤器

4—回油管　5—顶盖　6—油位指示器

7、9—隔板　8—放油塞

（1）吸油管、回油管、泄油管的设置　吸油管1与回油管4之间的距离尽可能加大，且都应插入油面以下，但到箱底的距离要大于管径的2倍，以免吸入空气和飞溅起泡。管口应切成45°斜角，以增大通流面积并降低流速，且切口应面向箱壁，以利于散热和沉淀杂质。吸油管端部应设置粗过滤器（网式过滤器2），其离箱壁要有 3 倍管径的距离，以便四周进油。阀的泄油管应在油面之上，以免产生背压。液压马达和液压泵的泄油管则应插入油面以下，以免产生气泡。

（2）隔板的设置 设置隔板的目的是将吸油区与回油区隔开，迫使油液循环流动，利于油液的冷却和放出油液中的气泡，并使杂质沉淀在回油管一侧。隔板 7 用于阻挡沉淀的杂质，隔板 9 用于阻挡泡沫进入吸油管。

（3）空气过滤器与油位指示器的设置 空气过滤器 3 的作用是使油箱与大气相通，既能过滤空气又兼作注油口。一般在油箱侧壁上设置油位指示器 6（俗称为油标），以指示油位。

（4）放油口与防污密封 油箱底面做成双斜面（也可做成向回油侧倾斜的单斜面），在最低处设置放油口，平时用放油塞 8 堵死，换油时将其打开放走污油。油箱的顶盖 5 以及吸、回油管通过的孔均需加密封装置。

（5）油箱内壁的加工与油温控制 油箱内壁应涂优质耐油防锈涂料。根据需要可在油箱适当部位安装冷却器和加热器。

2. 油管与管接头

（1）油管 液压传动系统中常用的油管有钢管、纯铜管、橡胶软管、尼龙管和塑料管等。固定元件之间常用钢管和铜管连接，有相对运动的元件之间一般采用软管连接。

（2）管接头 管接头是连接油管与油管或油管与液压元件之间的可拆式元件，要求连接可靠、拆装方便、密封性好。管接头按通路数分为直通、弯头、三通和四通等。常用的管接头有卡套式、扩口式和焊接式等。

图 2-44 所示为扩口式管接头，适用于铜管、薄壁钢管、尼龙管和塑料管等低压管路的连接，在工作压力不高的机床液压传动系统中应用较为普遍。

图 2-45 所示为焊接式管接头，用来连接管壁较厚的钢管，适用于中低压液压传动系统。

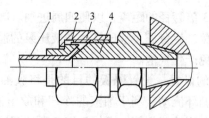

图 2-44 扩口式管接头

1—接管 2—导套

3—螺母 4—接头体

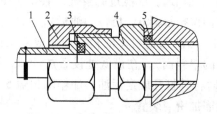

图 2-45 焊接式管接头

1—接管 2—螺母 3—O 形密封圈

4—接头体 5—组合密封圈

图 2-46 所示为卡套式管接头。拧紧接头螺母 3，卡套 2 发生弹性变形而将油管夹紧。这种管接头装拆方便，但对制造工艺要求高，油管要用冷拔无缝钢管，适用于高压液压传动系统。

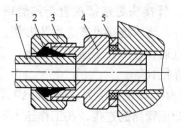

图 2-46 卡套式管接头

1—接管 2—卡套 3—螺母

4—接头体 5—组合密封圈

图2-47所示为可拆式胶管接头。接头体2拧入接头外套3后，锥度使钢丝编织胶管压紧在接头外套内。该接头主要在机床中、低压液压传动系统中使用。

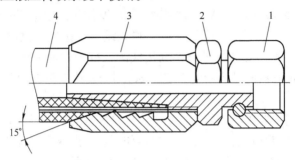

图 2-47　可拆式胶管接头
1—接头螺母　2—接头体
3—外套　4—胶管

3. 过滤器

过滤器的作用是过滤混合在油液中的各种杂质，以免它们进入液压传动系统和精密液压元件内，影响系统的正常工作或造成系统故障。

（1）过滤器的分类与选择　不同的液压传动系统对过滤器的过滤精度要求不同。过滤精度是指过滤器滤除杂质的颗粒大小，以其直径 d 的公称尺寸（单位为 μm）表示。按过滤精度的不同，过滤器可分为粗（$d \geqslant 10\mu$m）、普通（$d = 10 \sim 100\mu$m）、精（$d = 5 \sim 10\mu$m）的特精（$d = 1 \sim 5\mu$m）四个等级。

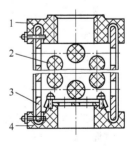

图 2-48　网式过滤器
1—上盖　2—铜丝网
3—筒形骨架　4—下盖

按滤芯的材料和结构不同，过滤器可分为网式、线隙式、烧结式、纸芯式及磁性过滤器等。

1）网式过滤器。其结构如图2-48所示。它由上盖1、下盖4、铜丝网2以及开有若干大孔的筒形骨架3等组成。它的特点是结构简单，通流能力大，压力损失小，清洗方便，但过滤精度低（一般为80~180μm），用于吸油管路对油液进行粗过滤。

2）线隙式过滤器。其结构如图2-49所示。它由堵塞指示器1、端盖2、壳体3、筒形骨架4和铜线5等组成。铜线（或铝线）绕在筒形骨架的外部，利用线间的缝隙过滤油液。常用的线隙式过滤器的过滤精度为30~80μm。其特点是结构简单，通流能力大，压力损失小，过滤效果好，但滤芯强度低，不易清洗，常用于低压液压传动系统和液压泵的吸油口。当过滤器堵塞时，信号装置将发出信号，提醒操作人员清洗或更换滤芯。

3）烧结式过滤器。其结构如图2-50所示。它的滤芯一般由金属粉末压制后烧结而成，靠其颗粒间的孔隙过滤油液。这种过滤器的过滤精度为10~100μm，滤芯强度高，抗腐蚀性能好，制造简单；缺点是压力损失大（0.03~0.2MPa），易堵塞，难清洗，若有颗粒脱落，则会影响过滤精度。烧结式过滤器大多安装在回油路上。

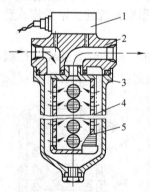

图2-49　线隙式过滤器
1—堵塞指示器　2—端盖　3—壳体
4—筒形骨架　5—铜线

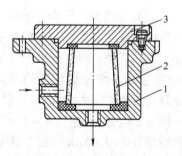

图2-50　烧结式过滤器
1—壳体　2—滤芯　3—端盖

4）纸芯式过滤器　其结构如图2-51所示。纸芯式过滤器的结构与线隙式过滤器相似，只是滤芯为纸质。其滤芯一般由三层组成：外层 2 为粗眼钢板网，中层 3 为折叠成 W 形的滤纸，里层 4 由金属丝网与滤纸一并折叠而成。纸芯式过滤器的过滤精度为 5～30μm，结构紧凑，通流能力大。其缺点是易堵塞，无法清洗，需经常更换滤芯。图 2-51 中的 1 为堵塞指示器，当滤芯堵塞时，发出堵塞信号（发亮或发声），提醒操作人员更换滤芯。纸芯式过滤器一般用于要求过滤精度高的液压传动系统中。

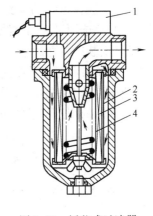

图 2-51 纸芯式过滤器

1—堵塞指示器 2—滤芯外层

3—滤芯中层 4—滤芯里层

5）磁性过滤器。磁性过滤器利用磁铁吸附油液中的铁质微粒，特别适用于经常加工铸件的机床液压传动系统中。但一般结构的磁性过滤器对铁质微粒以外的其他污染物不起作用，所以常把它用作复式过滤器的一部分。

6）复式过滤器。复式过滤器即上述几类过滤器的组合，如纸芯－磁性过滤器、磁性－烧结过滤器等。

（2）过滤器的安装

1）安装在液压泵的吸油管路上（见图 2-52a），防止大颗粒杂质进入泵内，以保护液压泵。可选择粗过滤器，但要求有较大的通流能力，防止产生空穴现象。

2）安装在液压泵的压油管路上（见图 2-52b），需选择精过滤器，以保护液压泵以外的液压元件。要求其能承受油路上的工作压力和压力冲击。为防止过滤器堵塞，一般要并联溢流阀或安装堵塞指示器。

3）安装在系统的回油管路上（见图 2-52c），用于过滤油液回油箱前侵入液压传动系统的杂质或液压传动系统生成的杂质，可采用滤芯强度低的过滤器。为防止过滤器堵塞，一般要并联溢流阀或安装堵塞指示器。

4）安装在系统的支路上（见图2-52d），当泵的流量较大时，为避免选用过大的过滤器，在支路上安装小规格的过滤器。

5）安装在独立的过滤系统中。在大型液压传动系统中，可专设由液压泵和过滤器组成的独立液压传动系统，用以不间断地清除液压传动系统中的杂质，提高油液的清洁度。

过滤器的图形符号如图2-52e所示。

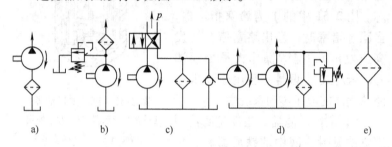

图 2-52   过滤器的安装位置和图形符号

4. 压力表

液压传动系统各工作点的压力一般都用压力表来检测，以便于将其调整到要求的工作压力。压力表的种类较多，最常用的是图2-53所示的弹簧管式压力表。液压油进入金属弯管1，弯管产生弹性变形，曲率半径加大，其端部位移通过杠杆4使扇形齿轮5摆动，扇形齿轮5和小齿轮6啮合，于是小齿轮6带动指针2转动，从刻度盘3上即可读出压力值。

选用压力表测量压力时，其量程应比系统压力稍大，一般取系统压力的1.3～1.5倍。压力表与压力管道连接时，应通过阻尼小孔，以防止被测压力突变而将压力表损坏。

5. 蓄能器

蓄能器是液压传动系统的储能元件，用于储存液体压力能，并在需要时将其释放出来供给液压传动系统。

（1）蓄能器的作用

1）短期内大量供油。在液压传动系统的一个工作循环中，

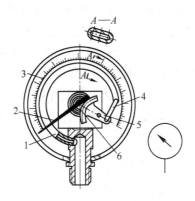

图 2-53　弹簧管式压力表及其图形符号

1—金属弯管　2—指针　3—刻度盘

4—杠杆　5—扇形齿轮　6—小齿轮

若只有在较短时间内才需要大流量，则可采用蓄能器作辅助动力源与液压泵联合使用，这样就可以用较小流量的液压泵使执行元件获得较快的运动速度，从而减少系统发热和提高效率。

2）系统保压。若液压缸需要在较长时间内保持压力而无动作（如机床夹具夹紧工件），则可使液压泵卸荷，用蓄能器提供液压油，补偿泄漏而起保压作用。

3）应急动力源。当液压泵发生故障或停电时，可用蓄能器作应急动力源释放液压油，避免可能引起的事故。

4）吸收压力脉动和液压冲击。液压泵输出的液压油存在压力脉动现象，执行元件在起动、停止或换向时易引起液压冲击，必要时可在脉动和冲击部位设置蓄能器，以起缓冲作用。

（2）蓄能器的结构类型　蓄能器有重锤式、弹簧式和充气式等多种类型，但常用的是利用气体膨胀和压缩进行工作的充气蓄能器，主要有隔膜式、活塞式和囊隔式三种。隔膜式充气蓄能器的图形符号如图 2-54 所示。

图 2-54　隔膜式充气蓄能器的图形符号

1）活塞式充气蓄能器。图2-55所示为活塞式充气蓄能器的结构及图形符号。活塞1的上部气体为压缩气体（一般为氮气），气体由气门3充入，其下部经油口a通液压传动系统，活塞随着下部液体压力能的储存和释放而在缸筒2内滑动。这种蓄能器结构简单，寿命长，但由于活塞惯性和摩擦力的影响，反应不够灵敏，制造费用较高，一般在中、高压液压传动系统中用于吸收压力脉动。

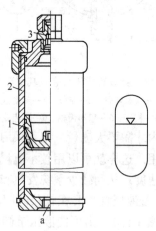

图2-55　活塞式充气蓄能器的结构及图形符号

1—活塞　2—缸筒　3—气门

2）囊隔式充气蓄能器。图2-56所示为囊隔式充气蓄能器的结构及图形符号。气囊3用耐油橡胶制成，固定在耐高压壳体2的上部。气体由充气阀1充入气囊内。气囊外为液压油。在蓄能器下部有提升阀4，液压油从此进出，并能在油液全部排出时防止气囊膨胀挤出油口。囊隔式充气蓄能器本身惯性小，反应灵敏，容易维护，但气囊和壳体制造较困难。

（3）**蓄能器的安装**　根据蓄能器在液压传动系统中的作用不同，其安装位置也不同，因此，安装蓄能器时应注意以下几点：

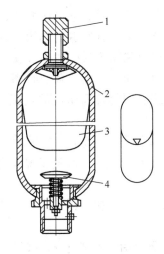

图 2-56 囊隔式充气蓄能器的结构及图形符号
1—充气阀 2—壳体 3—气囊 4—提升阀

1）蓄能器应将油口向下垂直安装，装在管路上的蓄能器必须用支承架固定。

2）蓄能器与液压泵之间应设置单向阀，以防止液压油向液压泵倒流。蓄能器与系统之间应设截止阀，供充气、调整和检修时使用。

3）用于吸收压力脉动和液压冲击的蓄能器应尽量安装在振源附近。

4）蓄能器是压力容器，使用时必须注意安全。在搬运和拆装蓄能器时应先排出压缩气体，以免因振动或碰撞而发生意外事故。

六、新型液压元件及其应用

1. 叠加式液压阀

叠加式液压阀简称为叠加阀，是近十几年才发展起来的集成式液压元件。采用这种阀组成液压传动系统时，不需另外的连接块，可以其自身的阀体作为连接体直接叠合而成。

叠加阀的工作原理与前述的一般液压阀基本相同，但是在具体结构和连接尺寸上则不相同。它自成系列，每个叠加阀既有液压元件的控制功能，又具有通道的作用。每一种通径系列的叠加阀，其主油路通道和螺栓联接孔的位置与所选用的相应通径的换向阀相同，因此同一通径的叠加阀都能按要求组成各种不同控制功能的系统。用叠加阀组成的液压传动系统具有以下特点：

1）结构紧凑，体积小，重量轻，安装简便，装配周期短。

2）当液压传动系统有变化，改变工况需要增减元件时，组装方便迅速。

3）元件之间实现无管连接，消除了因油管、管接头等引起的泄漏、振动和噪声。

4）整个系统配置灵活，外观整齐，维护、保养容易。

5）标准化、通用化和集成化程度高。

我国叠加阀现有 $\phi6mm$、$\phi10mm$、$\phi16mm$、$\phi20mm$、$\phi32mm$ 五个通径系列，额定压力为 20MPa，额定流量为 10 ~ 200L/min。

叠加阀与一般液压阀一样，也分为压力控制阀、流量控制阀和方向控制阀三大类。其中，方向控制阀仅有单向阀，主换向阀不属于叠加阀。

2. 插装式锥阀

插装式锥阀又称为插装式二位二通阀。它是 20 世纪 70 年代初出现的一种新型液压元件，在高压、大流量的液压传动系统中应用很广。由于插装式元件已标准化，因此将几个插装式元件组合一下便可组成复合阀。它与普通液压阀比较，具有以下优点：

1）通流能力大，特别适用于大流量场合。它的最大通径可达 250mm，通过的流量可达 10000L/min。

2）阀芯动作灵敏，抗堵塞能力强。

3）密封性好，泄漏量小，油液流经阀口的压力损失小。

4）结构简单，制造容易，工作可靠，标准化、通用化程度高。

3. 电液比例控制阀

前述的压力控制阀和流量控制阀的调定压力及流量都是手动调节的，在工作过程中需要进行调节时，相当不便。随着自动化技术的发展，近十几年发展了一种新型的液压元件——电液比例控制阀。在结构上，电液比例控制阀在普通液压阀的基础上，引入电－机械比例转换装置，用以代替原有的手调部分，从而实现对其输出的压力或流量按输入的电流连续、按比例地进行控制。常用的电－机械比例转换装置是有一定性能要求的比例电磁铁，能把输入的电流按比例地转换成力或位移，进而对液压阀进行控制。

电液比例控制阀根据用途和工作特点的不同，可分为电液比例压力阀、电液比例流量阀、电液比例方向阀及电液比例复合阀。

4. 电液数字控制阀

用计算机对电液系统进行控制，是今后液压技术发展的必然趋势。由于电液比例阀或伺服阀能接受的信号是连续变化的电流或电压，而计算机的指令是"开"或"关"的数字信息，所以要用计算机控制，必须进行数/模转换，需要一系列电子－液压"接口"设备，结果使设备变得复杂，成本提高，可靠性降低，日常使用维护也相当困难。在这种技术要求下，为了解决上述问题，20世纪80年代初期出现了电液数字控制阀。它具有与计算机接口容易、可靠性高、重复性好、价格低廉等优点。

接受计算机数字控制的方法有多种，当今技术较成熟的是增量式数字阀，即用步进电动机驱动的液压阀。目前已有数字流量阀、数字压力阀、数字方向阀等系列产品。步进电动机能接受计算机发出的经驱动电源放大的脉冲信号，每接受一个脉冲信号便转动一定的角度。步进电动机的转动又通过凸轮或丝杠等机构转换成直线位移，从而推动阀芯（对于方向阀、流量阀来说）或压缩弹簧（对于压力阀来说），实现对方向、流量或压力的控制。

复习思考题

1. 一个完整的液压传动系统由哪些元件组成？

2. 简述单缸柱塞泵的工作原理。

3. 简述双活塞杆式液压缸的工作原理。

4. 什么叫液压缸的差动连接？它适用于什么场合？怎样计算液压缸差动连接时的运动速度和牵引力？

5. 简述几种常用密封圈的特点及用途。

6. 液压传动系统为什么要排气？

7. 有一单活塞杆式液压缸，活塞直径 $D = 8\text{cm}$，活塞杆直径 $d = 5\text{cm}$，进入液压缸的油液流量 $q = 30\text{L/min}$，求往返的运动速度。

8. 若将题 7 的液压缸连接成差动形式，求往返运动速度和牵引力。

9. 什么是换向阀的"位"和"通"？换向阀有几种控制方式？

10. 按下列要求画出换向阀的图形符号：

1）实现液压缸的左、右换向。

2）实现单出杆液压缸的换向和差动连接。

3）实现液压缸的左、右换向，并要求缸体在运动中能随时停止。

4）实现液压缸的左、右换向，并要求在液压缸停止运动时，泵能卸荷。

11. 溢流阀在液压传动系统中有何功用？

12. 若将先导式溢流阀的远程控制口误当成泄漏口接回油箱，则系统会出现什么问题？

13. 当液压传动系统的压力低于溢流阀的调定压力时，系统压力取决于什么？

14. 什么是溢流阀的开启压力和调整压力？

15. 减压阀在液压传动系统中有何作用？如果减压阀的进、出口接反了会出现什么问题？

16. 什么是顺序阀？可分成哪两类？分别简述其工作原理。

17. 在液压传动系统中，采用什么元件以及通过什么方式来控制执行元件的运动速度？

18. 什么叫减速阀？什么叫调速阀？两者有什么异同？

19. 液压传动系统中常用哪些辅助装置？分别简述它们的作用。

第三章

液压传动系统基本回路

液压传动系统基本回路是由有关液压元件组成，并能完成某种特定功能的典型油路结构。任何一个液压传动系统，无论多么复杂，实际上都是由一些基本回路组成的。因此，掌握一些基本回路的组成、原理和特点将有助于认识分析一个完整的液压传动系统。

常用的液压传动系统基本回路，按功能可分为方向控制回路、压力控制回路、速度控制回路、顺序动作回路和同步回路五大类。由于每个液压传动系统基本回路主要用来完成一种基本功能，所以本章在介绍各种液压传动系统基本回路时，在基本回路图中都省略了与基本功能关系不大的液压元件。

◇◇◇ 第一节　方向控制回路

利用方向控制阀控制液流的通、断、变向来实现液压传动系统执行元件的起动、停止或改变运动方向的回路称为方向控制回路。方向控制回路有换向回路和锁紧回路等。

一、换向回路

换向回路主要利用换向阀来接通、断开油路或改变液流方向，从而实现起动、停止或变向。

图 3-1 所示是用二位四通电磁阀来实现换向的换向回路。当电磁铁 YA 通电时，换向阀左位接入系统，活塞向右移动，此时油路情况如下：

（1）进油路　液压泵 1→换向阀 2 左位 P 口→A 口→液压缸左腔。

（2）回油路　液压缸右腔→换向阀 2 左位 B 口→T 口→

油箱。

若使 YA 断电，则换向阀
的右位接入系统，活塞向左移
动，此时油路情况如下：

（1）进油路 液压泵 1→
换向阀 2 右位 P 口→B 口→液
压缸右腔。

（2）回油路 液压缸左
腔→换向阀 2 右位 A 口→T
口→油箱。

根据执行元件换向的要求，
也可采用二位（或三位）四通

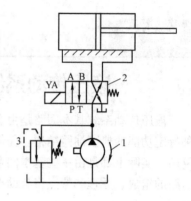

图 3-1 换向回路

1—液压泵 2—换向阀 3—溢流阀

（或五通）换向阀，控制方式可以是人力、机械、电力、直接压
力和间接压力（先导）等。

二、锁紧回路

锁紧回路是用来使液压缸在任意位置上停止并防止其停止后
发生窜动的回路。

图 3-2a 所示是利用三位四通换向阀 O 型机能 P、T、A、B
口都封闭的中位滑阀机能来实现锁紧的锁紧回路。由图 3-2a 可
知，只要两电磁铁 YA1、YA2 都断电，换向阀中位接入系统即
实现锁紧。图 3-2b 所示为采用三位四通换向阀 M 型机能的锁
紧回路，具有与图 3-2a 所示回路相同的锁紧功能。不同的是
图 3-2a 所示回路中的液压泵不卸荷，并联的其他执行元件的运
动不受影响，而图 3-2b 所示回路中的液压泵卸荷。这种锁紧回
路结构简单，但换向阀的密封性较差，存在泄漏，锁紧效果
较差。

图 3-3 所示为利用液控单向阀来实现锁紧的锁紧回路。此时
只要换向阀 2 的两个电磁铁 YA1、YA2 都断电，中位就接入系
统工作，换向阀的 4 个油口均相通，两液控单向阀 3、4 立即关
闭使液压缸锁紧。液控单向阀有良好的密封性，锁紧效果较好。

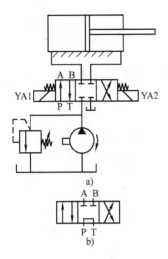

图 3-2 采用具有锁紧功能的
换向阀组成的锁紧回路
a）采用三位四通 O 型换向阀
b）采用三位四通 M 型换向阀

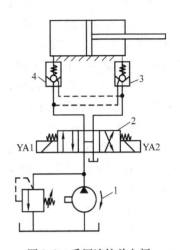

图 3-3 采用液控单向阀
的锁紧回路
1—液压泵 2—换向阀
3、4—液控单向阀

◇◇◇ 第二节 压力控制回路

压力控制回路利用压力控制阀来实现系统调压、减压、增压、卸荷、平衡等，以满足执行元件对力或转矩的要求。压力控制回路有调压回路、减压回路、增压回路、卸荷回路和平衡回路等。

一、调压回路

采用溢流阀的调压回路主要用来控制系统的工作压力不超过某一预定数值，或者使系统工作时在不同的动作阶段有不同的压力，例如一级调压回路、多级调压回路等。

图 3-4 所示是用溢流阀来调定液压泵工作压力的调压回路。此时，溢流阀 2 的调定压力应大于系统的最高工作压力。这种调压回路在定量泵节流调速系统中应用。由图 3-4 可见，由于液压

泵的流量大于通过调速阀进入液
压缸中的流量，油压升高到溢流
阀的调定值后顶开溢流阀，多余
的油流回油箱。在溢流过程中，
系统油压产生的力与溢流阀弹簧
力保持平衡，使系统在不断溢流
过程中保持压力基本稳定。

图3-5所示为用3个溢流阀
使系统在不同的动作阶段具有不
同压力的多级调压回路。它将主
溢流阀1的远程控制口通过三位
四通换向阀4与另外两个溢流阀

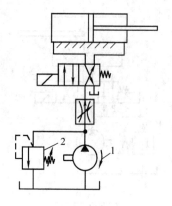

图 3-4　调压回路
1—液压泵　2—溢流阀

相连，当电磁铁 YA1 通电、YA2 断电时，三位四通换向阀 4 的
左位接入系统，主溢流阀 1 的远程控制口受溢流阀 2 控制，系统
压力由溢流阀 2 调定。若 YA1 断电、YA2 通电，则三位四通换
向阀 4 右位接入系统，主溢流阀 1 的远程控制口受溢流阀 3 控
制，系统又可获得另一个压力调定值。若 YA1、YA2 都断电，
则三位四通换向阀 4 中位接入系统，主溢流阀 1 的远程控制口封

闭，系统的压力由主溢流
阀1调定。但必须注意，
当主溢流阀1的远程控制
口控制多级开启压力时，
均比主溢流阀1的调定压
力低，即只能控制低于主
溢流阀1的开启压力。例
如，主溢流阀1的设定压
力为30MPa，则远程控制
溢流阀2和3的设定压力
必须小于30MPa，可选取
25MPa或20MPa。

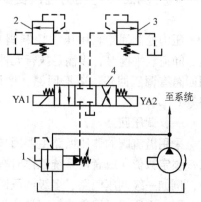

图 3-5　多级调压回路
1、2、3—溢流阀　4—换向阀

二、减压回路

当液压传动系统某分支油路所需的工作压力低于系统由溢流阀所调定的压力时，可在此分支油路上采用由减压阀组成的减压回路。例如，液压设备中的润滑油路及控制油路中所需的压力比主油路中的压力往往低得多。

如图 3-6 所示的减压回路，缸 B 所需的工作压力比缸 A 要低得多，此时在通往缸 B 的油路上串联减压阀使该分支油路成为减压回路。

当 YA1 通电、YA2 断电时，三位四通换向阀 3 左位接入系统，缸 A 的工作压力由溢流阀 2 调定，缸 B 的工作压力由减压阀 4 控制。其油路情况如下：

（1）进油路　液压泵 1→三位四通换向阀 3 的左位→

6→7→缸 A 左腔

└→8→减压阀 4→缸 B 左腔

（2）回油路　缸 A 右腔→9→三位四通换向阀 3 的左位→油箱

缸 B 右腔┘

反向运动时，YA1 断电、YA2 通电，三位四通换向阀 3 右位接入系统。此时，减压阀 4 不起作用，其油路情况如下：

（1）进油路　液压泵 1→三位四通换向阀 3 的右位→

9→缸 A 右腔

└→缸 B 右腔

（2）回油路　缸 A 左腔→7→6→三位四通换向阀 3 的右位→油箱

↑

缸 B 左腔→5→8

三、增压回路

增压回路是用来提高系统中某一支路的压力的。采用增压回路可以用压力较低的液压泵获得较高的压力。

图 3-7 所示为采用增压液压缸的增压回路。它适用于需要较大的单向作用力的场合。增压液压缸由大、小两个液压缸 a 和 b 组成。a 缸中的大活塞（有效作用面积为 A_a）和 b 缸中的小活塞（有效作用面积为 A_b）用一根活塞杆连接起来。当压力为 p_a 的液压油进入液压缸 a 左腔时，作用在大活塞上的

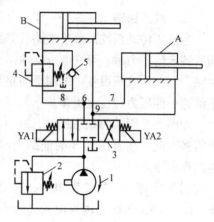

图 3-6　减压回路

1—液压泵　2—溢流阀　3—换向阀

4—减压阀　5—单向阀　6、7、8、9—油路

A、B—液压缸

液压作用力 F_a 推动大、小活塞一起向右运动，液压缸 b 中的油液以压力 p_b 进入工作液压缸，推动其活塞运动。其平衡式为

$$p_a A_a = p_b A_b$$

即

$$p_b = p_a \frac{A_a}{A_b}$$

可见，由于 $A_a > A_b$，所以 $p_b > p_a$，获得增压效果，增压的倍数等于增压缸活塞大、小面积之比。当活塞回程时，增压缸由补油箱补油。

四、卸荷回路

当液压传动系统中的执行元件停止运动或需要长时间保持压力时，卸荷回路可以使液压泵输出的油液以最小的压力直接流回油箱，以减少功率损失、磨损以及系统发热，从而延长液压泵的使用寿命。

图 3-8 所示为利用换向阀中位滑阀机能的卸荷回路。其中图 3-8a 所示回路利用的是 H 型中位滑阀机能，图 3-8b 所示回路利用的是 M 型中位滑阀机能。当换向阀的两个电磁铁 YA1 与 YA2

都断电时，液压泵输出的油液经换向阀中间通道直接流回油箱，实现液压泵卸荷。

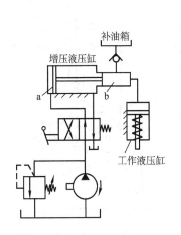

图 3-7　采用增压液压缸的增压回路

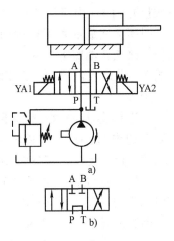

图 3-8　卸荷回路
a）利用 H 型中位滑阀机能
b）利用 M 型中位滑阀机能

五、平衡回路

对于立式液压缸，为防止活塞或运动部件因自重而下落或因载荷突然减小而造成突进，可在运动部件相应的回油路上设置背压阀，这种回路称为平衡回路。

图 3-9 所示为采用液控单向阀的平衡回路。当换向阀 3 的 YA1 通电、YA2 断电时，其左位接入系统，活塞下行。此时其油路情况如下：

（1）进油路　液压泵 1→换向阀 3 的左位→缸 6 的上腔。

（2）回油路　缸 6 的下腔→单向节流阀 5 中的节流阀→液控单向阀 4→换向阀 3 的左位→油箱。

当液控单向阀关闭时，回油路不通，缸 6 下腔中的压力升高使上腔的压力也升高，直至液控单向阀 4 的控制油路将其打开为止，此时活塞迅速下降，使缸内压力迅速降低，当压力低于阀 4

控制油路所需的压力时，阀4再次关闭，重新建立压力，直至再次打开阀4。由于工作时阀4时开时闭会造成活塞下行运动不平稳，故在其油路上串联单向节流阀5，借以控制流量，起到调速作用。

当换向阀3的YA1断电、YA2通电时，其右位接入系统，活塞上行。此时其油路情况如下：

（1）进油路 液压泵1→换向阀3的右位→液控单向阀4→单向节流阀5→缸6下腔。

（2）回油路 缸6上腔→换向阀3的右位→油箱。

图3-10所示为采用顺序阀的平衡回路。当换向阀3的YA1断电、YA2通电，换向阀4的YA3

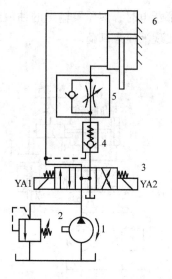

图3-9 采用液控单向阀的平衡回路
1—液压泵 2—溢流阀 3—换向阀
4—液控单向阀 5—单向节流阀
6—液压缸

断电时，换向阀3右位接入系统，换向阀4左位接入系统，活塞下行，并可获得较快的速度。其油路情况如下：

（1）进油路 液压泵1→换向阀3的右位→换向阀4左位→缸7的上腔。

若YA3也通电，则从换向阀3右位来的油液就经调速阀5到缸7的上腔，可使活塞获得较慢的下行速度。

（2）回油路 液压缸7下腔→单向顺序阀6→换向阀3的右位→油箱。

顺序阀的调定压力大于活塞运动部件因自重而在液压缸下腔形成的压力，工作时随着上腔压力升高，下腔的压力也升高，直至压力达到单向顺序阀6的调定压力而将其打开时，活塞才下行运动。

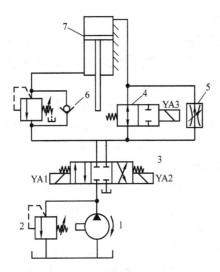

图 3-10 采用顺序阀的平衡回路

1—液压泵 2—溢流阀 3、4—换向阀 5—调速阀

6—单向顺序阀 7—液压缸

若要活塞上行，则将换向阀 3 的 YA1 通电、YA2 断电，换向阀 4 的 YA3 断电。此时油路情况如下：

（1）进油路 液压泵 1→换向阀 3 的左位→单向顺序阀 6→缸 7 下腔。

（2）回油路 缸 7 上腔→换向阀 4 左位→换向阀 3 左位→油箱。

此油路可使活塞获得较快的上行速度。

◇◇◇ **第三节 速度控制回路**

用来控制执行元件运动速度的回路称为速度控制回路。液压传动系统执行元件的速度控制包括速度的调节和变换。速度控制回路有调速回路、速度换接回路等。

一、调速回路

在液压传动系统中控制速度的形式很多,主要有定量泵的节流调速、变量泵的容积调速和容积节流复合调速等。

1. 节流调速回路

节流调速的原理是通过控制进入运动部件的油液流量来控制运动部件的速度。按照节流阀(或调速阀)在系统中安装位置的不同,节流调速回路分为进油节流调速回路、回油节流调速回路和旁路节流调速回路。

(1)进油节流调速回路　图3-11所示为进油节流调速回路。其节流阀安装在进油路上,液压泵输出的油液经节流阀进入液压缸左腔,推动活塞向右运动,多余的油液(流量为 Δq)自溢流阀流回油箱。调节节流阀的开口大小,即可调节进入液压缸的流量 q_1,从而改变液压缸的运动速度。这种回路特点是在回油路上没有背压,运动部件的运动平稳性较差。由图3-11可知,液压泵的供油压力 p_0 为溢流阀的调定压力,液压缸左腔的压力 p_1 取决于负载 F,$p_0 - p_1$ 即为节流阀前后的压力差,回油腔压力 p_2 基本上等于零。

进油节流调速回路具有结构简单、使用方便等特点,一般应用在功率较小且负载变化不大的液压传动系统中。

(2)回油节流调速回路　图3-12所示为回油节流调速回路。这种回路的特点是在回油路上可形成背压,在外界负载变化时可起缓冲作用,运动部件的运动平稳性比进油节流调速回路好。由图3-12可知,液压缸左腔压力基本上等于由溢流阀调定的液压泵压力 p_0,液压缸右腔的压力 p_2 随着负载 F 的变化而改变,这可从力的平衡关系中看出,即

$$p_0 A = p_2 A_1 + F$$

式中　A、A_1——分别为无杆腔和有杆腔活塞的有效作用面积。

当 $F = 0$ 时,由于 $A_1 < A$,所以 $p_2 > p_0$。显然,这种回路可以承受一个与活塞运动方向相同的负载。

回油节流调速回路广泛用于功率不大、负载变化较大或运动

平稳性要求较高的液压传动系统中。

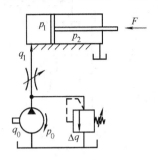

图 3-11 进油节流调速回路

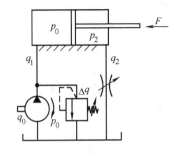

图 3-12 回油节流调速回路

（3）旁路节流调速回路

图 3-13 所示为旁路节流调速回路。其节流阀装在旁路上，其工作原理是部分油液（流量为 Δq_0）通过节流阀流向油箱，其余的油液进入液压缸。很明显，只要改变通过节流阀的油液流量，

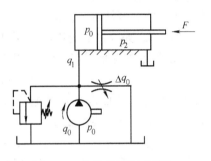

图 3-13 旁路节流调速回路

就改变了进入液压缸的油液流量。此时液压缸左腔压力 p_0 基本上等于液压泵的供油压力，其大小取决于负载 F，液压缸右腔中的压力 p_2 基本为零。可见，液压泵的供油压力随着负载的变化而变化，能比较有效地利用能量。溢流阀只有在过载时才打开。

旁路节流调速回路在低速时承载能力低，调速范围小，适用于负载变化小，对运动平稳性要求低的高速、大功率场合。

2. 容积调速回路

图 3-14 所示的变量液压泵调速回路属于容积调速回路。它通过改变变量液压泵的输出流量来调节执行元件的运动速度。

系统工作时，变量液压泵输出的液压油全部进入液压缸，推动活塞运动。调节变量液压泵转子与定子之间的偏心距（单作用叶片泵或径向柱塞泵）或斜盘的倾斜角度（轴向柱塞泵），改

变液压泵的输出流量，就可以改变活塞的运动速度，从而实现调速。回路中的溢流阀起安全保护作用，正常工作时常闭，当系统过载时才打开，因此，溢流阀限定了系统的最高压力。

容积调速回路效率高（压力与流量的损耗少），回路发热量少，适用于功率较大的液压传动系统中。

3. 容积、节流复合调速回路

用变量液压泵和节流阀（或调速阀）相配合进行调速的方法称为容积、节流复合调速。

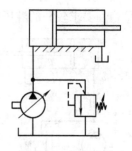

图 3-14　变量液压泵调速回路

图 3-15 所示为由变量液压泵和调速阀组成的复合调速回路。调节调速阀节流口的开口大小，就能改变进入液压缸的油液流量，从而改变液压缸活塞的运动速度。当变量液压泵的流量 q_V 大于调速阀调定的流量 q_{V1} 时，由于系统中没有设置溢流阀，多余的油液没有排油通路，势必使液压泵和调速阀之间油路的压力升高，但变量液压泵的工作压力增大到预先调定的数值后，液压泵的流量会随

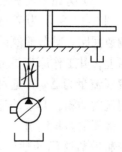

图 3-15　由变量液压泵和调速阀组成的复合调速回路

着工作压力的升高而自动减小，直到 $q_V = q_{V1}$ 为止。在这种回路中，变量液压泵输出油液的流量与液压传动系统所需油液的流量（即通过调速阀的油液流量）是相适应的，因此效率高，发热量小。同时，由于采用了调速阀，因此液压缸的运动速度基本不受负载变化的影响，即使在较低的运动速度下，运动也较稳定。

在容积、节流复合调速回路中，变量液压泵的输油量与系统的需油量（即调速阀通过的油液流量）是相适应的，因此效率高，发热量低。容积、节流复合调速回路适用于调速范围大的中、小功率场合。

二、速度接换回路

有些工作机构，要求在一个行程的不同阶段具有不同的运动速度，这时就必须采用速度换接回路。速度换接回路的作用就是将一种运动速度转变为另一种运动速度。例如，金属切削机床在开始切削前要求刀具与工件快速趋近，开始切削后又要求刀具相对于工件做慢速工作进给运动，这就需要把快速运动换接成慢速运动。另外，有时随着加工性质的不同，要求从一种进给速度换接成另一种进给速度，这就是两种不同工作速度的换接问题。

图 3-16 所示为把活塞快速右移换接成慢速右移的速度换接回路。当 YA1 通电、YA2 断电、YA3 通电时，活塞向右快速运动，液压缸右腔的油液经换向阀 1 的左位和换向阀 2 的右位直接流回油箱。当 YA3 断电时，回油则经调速阀 3 流回油箱，活塞向右运动的速度由快速转为慢速。这种回路比较简单，应用相当普遍。图 3-17 所示也是一种能实现速度换接的回路。

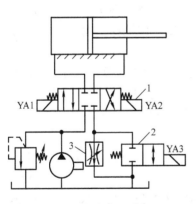

图 3-16　速度换接回路（一）
1、2—换向阀　3—调速阀

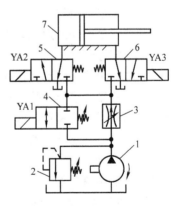

图 3-17　速度换接回路（二）
1—液压泵　2—溢流阀　3—调速阀
4、5、6—换向阀　7—液压缸

（1）活塞向右快进　此时 YA1、YA2 通电，YA3 断电，其油路情况如下：

1）进油路：液压泵 1→二位二通换向阀 4 左位→二位三通换向阀 5 左位→液压缸 7 左腔。

2）回油路：液压缸 7 右腔→二位三通换向阀 6 左位→油箱。

由于进油路、回油路都畅通无阻，因此活塞获得较快的右移速度。

（2）活塞慢速向右工进　此时 YA1 断电，YA2 通电，YA3 断电，其油路情况如下：

1）进油路：液压泵 1→调速阀 3→换向阀 5 左位→液压缸 7 左腔。

2）回油路：液压缸 7 右腔→换向阀 6 左位→油箱。

由于在进油路上有节流调速，活塞获得较慢的右移速度。

（3）活塞向左快速退回　此时 YA1 通电，YA2 断电，YA3 通电，其进油路情况如下：

1）进油路：液压泵 1→二位二通换向阀 4 左位→二位三通换向阀 6 右位→液压缸 7 右腔。

2）回油路：液压缸 7 左腔→二位三通换向阀 5 右位→油箱。

同样，活塞向左退回时在进油路、回油路上都是畅通无阻的，活塞快速退回。

上述是由快速运动换接成慢速运动的工作回路。有时需要在两种工作速度间进行换接，这种回路又称为二次进给回路。二次进给回路可用两个调速阀串联或并联来实现。图 3-18 所示为调速阀串联的二次进给回路。

（1）活塞向右快进　此时 YA1 通电，YA2、YA3、YA4 均断电，其油路情况如下：

1）进油路：液压泵 1→换向阀 2 左位→换向阀 3 左位→液压缸 7 左腔。

2）回油路：液压缸 7 右腔→换向阀 2 左位→油箱。

（2）活塞向右一次工进　此时 YA1 和 YA3 通电，YA2 和 YA4 断电，其油路情况如下：

1）进油路：液压泵 1→换向阀 2 左位→调速阀 4→换向阀 6

右位→液压缸 7 左腔。

（2）回油路：液压缸 7
右腔 → 换向阀 2 左位 →
油箱。

（3）活塞向右二次工
进　此时 YA1、YA3、YA4
都通电，YA2 断电，其油
路情况如下：

1）进油路：液压泵
1→换向阀 2 左位→调速阀
4→ 调速阀 5 → 液压缸 7
左腔。

2）回油路：液压缸 7
右腔 → 换向阀 2 左位 →
油箱。

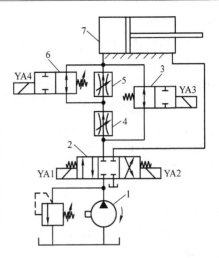

图 3-18　调速阀串联的二次进给回路
1—液压泵　2、3、6—换向阀
4、5—调速阀　7—液压缸

（4）活塞向左快退　此时 YA1、YA3、YA4 都断电，YA2
通电，其油路情况如下：

1）进油路：液压泵 1→换向阀 2 右位→液压缸 7 右腔。

2）回油路：液压缸 7 左腔→换向阀 3 左位→换向阀 2 右
位→油箱。

（5）停止工作　此时 YA1、YA2、YA3、YA4 都断电。

图 3-19 所示是调速阀并联的二次进给回路。

（1）活塞向右快进　　此时 YA1 通电，YA2、YA3、YA4 均
断电，其油路情况如下：

1）进油路：液压泵 1→换向阀 2 左位→换向阀 3 右位→液
压缸 7 左腔。

2）回油路：液压缸 7 右腔→换向阀 2 左位→油箱。

（2）活塞向右一次工进　　此时 YA1、YA3 通电，YA2、YA4
断电，其油路情况如下：

1）进油路：液压泵 1→换向阀 2 左位→调速阀 5→换向阀 4

右位→液压缸7左腔。

2）回油路：液压缸7右腔→换向阀2左位→油箱。

（3）活塞向右二次工进　此时YA1、YA3、YA4通电，YA2断电，其油路情况如下：

1）进油路：液压泵1→换向阀2左位→调速阀6→换向阀4左位→液压缸7左腔。

2）回油路：液压缸7右腔→换向阀2左位→油箱。

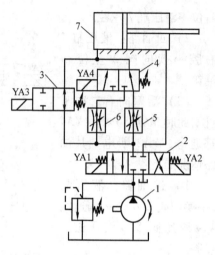

图3-19　调速阀并联的二次进给回路
1—液压泵　2、3、4—换向阀
5、6—调速阀　7—液压缸

（4）活塞向左快退　此时YA2通电，YA1、YA3、YA4断电，此时油路情况如下：

1）进油路：液压泵1→换向阀2右位→液压缸7右腔。

2）回油路：液压缸7左腔→换向阀3右位→换向阀2右位→油箱。

◇◇◇　第四节　顺序动作回路

用来实现多个执行机构依次动作的回路称为顺序动作回路，如控制回转台的抬起与回转、夹具的定位与夹紧的回路等。顺序动作回路按控制方法的不同可分为用压力控制实现顺序动作的回路、用行程开关或行程阀控制实现顺序动作的回路、用时间控制实现顺序动作的回路等。

一、用压力控制实现顺序动作的回路

用压力控制实现顺序动作的回路包括用顺序阀控制的顺序动

作回路及用压力继电器控制的顺序动作回路。

图 3-20 所示是用顺序阀控制的顺序动作回路。其动作顺序要求如图 3-20 中①、②、③、④四个箭头所示。

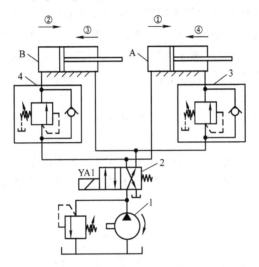

图 3-20 用顺序阀控制的顺序动作回路

1—液压泵 2—换向阀 3、4—顺序阀

①、②、③、④—动作方向

动作①为 A 缸活塞右移。当电磁铁 YA1 通电时，换向阀 2 左位接入系统，此时进油路为：液压泵 1→换向阀 2 左位→A 缸左腔。其活塞右移，实现第一个动作。此时经换向阀 2 左位来的油液经另一路流向单向顺序阀 4。在动作①没有完成前，系统压力低于单向顺序阀 4 的调定压力，该阀关闭，B 缸不动。回油路为：A 缸右腔→单向顺序阀 3 中的单向阀→换向阀 2 左位→油箱。

动作②为 B 缸活塞右移。当动作①到达终点后，系统压力升高，直至顶开单向顺序阀 4，B 缸的油路接通，油液进入 B 缸左腔，使活塞右移，实现第二个动作。其回油路为：由 B 缸右腔经换向阀 2 左位流回油箱。

当电磁铁 YA1 断电时，其右位接入系统，实现第③个动作。

其进油路为：液压泵 1→换向阀 2 右位→一路进入 B 缸右腔，另一路流向单向顺序阀 3。同理，此时系统压力低于单向顺序阀 3 的调定压力，单向顺序阀关闭，此路不通。回油路为：B 缸左腔→单向顺序阀 4 中的单向阀→换向阀 2 右位→油箱。

当动作③走到终点后，系统压力升高，直至顶开单向顺序阀 3，使流向单向顺序阀 3 的油液进入 A 缸右腔，使活塞左移，完成第④个动作。其回油路是由 A 缸左腔直接经换向阀 2 右位流回油箱。

由此可见，①、②、③、④四个动作是前一个动作完成后，后一个动作才开始依次进行的。

图 3-21 所示为利用压力继电器控制的顺序动作回路。图 3-21 中用压力继电器 1KP 和 2KP 分别控制电磁铁的通断电来实现顺序动作。

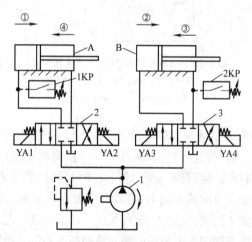

图 3-21　采用压力继电器控制的顺序动作回路

1—液压泵　2、3—换向阀

①、②、③、④—动作方向

按下起动按钮，YA1 通电，换向阀 2 左位接入系统，A 缸活塞右移，实现动作①。其油路为：

（1）进油路 液压泵 1→换向阀 2 左位→A 缸左腔。

（2）回油路 A 缸右腔→换向阀 2 左位→油箱。

当动作①到达终点后，系统压力升高，压力继电器 1KP 动作，使电磁铁 YA3 通电，换向阀 3 左位接入系统，实现动作②。其油路为：

（1）进油路 液压泵 1→换向阀 3 左位→B 缸左腔。

（2）回油路 B 缸右腔→换向阀 3 左位→油箱。

换向返回时，按返回按钮，使 YA1、YA3 断电，YA4 通电，换向阀 3 右位接入系统，此时可实现第③个动作。

当第③个动作到达终点后，系统压力升高，压力继电器 2KP 动作，发出电信号，使 YA2 通电，换向阀 2 右位接入系统，以实现第④个动作。

二、用行程控制实现顺序动作的回路

图 3-22 所示为用行程开关控制的顺序动作回路。按下起动按钮，使 YA1 通电，换向阀 2 左位接入系统，油液进入 A 缸左腔，活塞右移，实现动作①。在 A 缸活塞杆上的挡铁触动行程开关 SQ1 后，YA3 通电，换向阀 3 左位接入工作，油液进入 B 缸左腔，活塞右移，实现动作②。在 B 缸活塞杆上的挡铁触动行程开关 SQ2 后，使 YA1 断电、YA2 通电，换向阀 2 右位接入系统，A 缸换向实现动作③。在 A 缸活塞杆上的挡铁触动行程开关 SQ3 后，YA3 断电，YA4 通电，换向阀 3 右位接入系统，B 缸换向实现动作④。

这种控制方式特别适用于液压缸较多，顺序要求又比较严格的场合。

图 3-23 所示为用行程阀控制的顺序动作回路。按动按钮使 YA1 通电，换向阀 2 的左位接入系统，油液进入 A 缸左腔，活塞右移，实现动作①。在 A 缸活塞杆上的挡铁压下行程阀 3 的触头，使其上位接入系统后，油液进入 B 缸左腔，活塞右移，实现动作②。按动按钮使 YA1 断电，换向阀 2 右位接入系统，A 缸换向，活塞左移，实现动作③。当 A 缸活塞杆上的挡铁脱开

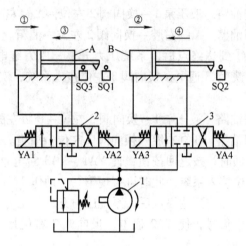

图 3-22　用行程开关控制的顺序动作回路

1—液压泵　2、3—换向阀

①、②、③、④—动作方向

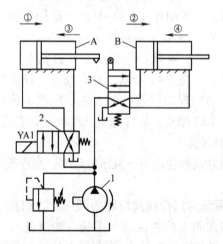

图 3-23　用行程阀控制的顺序动作回路

1—液压泵　2、3—换向阀

①、②、③、④—动作方向

后，行程阀 3 的触头弹起，使其下位接入系统，油液进入 B 缸右腔，活塞左移，完成动作④。

◇◇◇ 第五节　同步控制回路

在液压设备中，当要求两个以上的运动部件以相同的速度或相同的位移进行运动时，即要求实现同步运动时，必须采用同步控制回路。

同步运动有速度同步和位置同步两种。速度同步是要求各缸的运动速度相等，位置同步则要求各缸在运动中或停止时位置处处相同。

在液压传动系统中，由于各缸负载不均衡，摩擦与泄漏情况不同和存在制造误差等，只能实现近似的同步运动，也就是说其同步运动是有一定误差的，必须根据同步精度的要求来合理选择同步控制回路。

一、机械连接同步控制回路

图 3-24 所示是通过一根刚性梁 3 在两个液压缸 1、2 活塞杆之间建立刚性的运动联系来实现位移同步的方法。这种方法简单可靠，同步精度取决于梁的刚性，为避免发生卡死现象，两缸负载要求比较均衡。

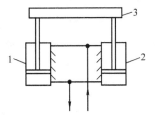

图 3-24　机械连接同步控制
1、2—液压缸　3—刚性梁

二、用节流阀的同步控制回路

图 3-25 所示是用节流阀调节的同步控制回路。由于液压缸 A、B 是并联的，所以它也是一种并联调速的同步控制回路。液压缸 A、B 中的活塞分别由单向节流阀（或调速阀）3、4 来调控运动速度。当要求同步时，通过节流阀 3、4 的油液流量必须相同。由图 3-25 可知，当 YA1 通电、YA2 断电时，来自液压泵 1 的油液经过换向阀 2 的左位，再通过单向节流阀 3、4 中的单向阀进入两缸下腔，推动活塞上行。此

时节流阀没有起到调节作用，因此这个方向难以同步。当 YA1 断电、YA2 通电时，来自液压泵的油液经过换向阀 2 的右位进入两缸的上腔，推动活塞下行，此时在两缸的回油路上都有节流调速，可以实现同步。

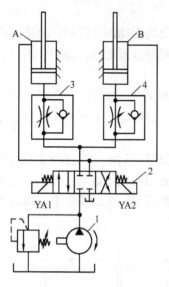

图 3-25　节流同步控制回路
1—液压泵　2—换向阀
3、4—单向节流阀

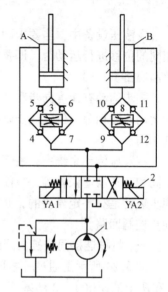

图 3-26　双向节流同步控制回路
1—液压泵　2—换向阀　3、8—调速阀
4、5、6、7、9、10、11、12—单向阀

图 3-26 所示为可实现双向节流调节的同步控制回路。当换向阀 2 的 YA1 通电、YA2 断电时，来自液压泵 1 的油液经换向阀 2 的左位后分成两路：一路经单向阀 4、调速阀 3、单向阀 6 至缸 A 的下腔，推动活塞上行；另一路经单向阀 9、调速阀 8、单向阀 11 至缸 B 的下腔，推动活塞上行。显然，在两缸活塞上行时，进油路上都有调速阀调节，可实现同步。

当换向阀 2 的 YA1 断电、YA2 通电时，来自液压泵 1 的油液在经过换向阀 2 的右位后也分成两路，分别直至两缸上腔，推动活塞下行。回油路为：

缸 A 下腔→单向阀 5→调速阀 3→单向阀 7→换向阀 2 右位→油箱。

缸 B 下腔→单向阀 10→调速阀 8→单向阀 12→换向阀 2 右位→油箱。

显然，在两缸的回油路上都有调速阀调节，活塞下行时，可实现同步。

三、串联同步回路

图 3-27 所示是两缸串联的同步控制回路，只要两缸活塞的有效面积相等便可实现两缸的位移同步。但由于泄漏情况不同等，其同步精度有一定的误差。

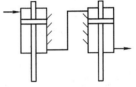

图 3-27 串联缸同步控制回路

复习思考题

1. 什么是液压传动系统基本回路？常用的液压传动系统基本回路按功能可分为哪几类？

2. 锁紧回路的作用是什么？哪几种中位滑阀机能的换向阀具有锁紧功能？

3. 什么是压力控制回路？压力控制回路在液压传动系统中有什么作用？

4. 速度控制回路的作用是什么？有哪几种调速方法？

5. 节流调速回路有哪几种形式？它应用在哪类液压泵供油的液压传动系统中？

6. 什么是进油节流调速回路？什么是回油节流调速回路？它们各有哪些特性？分别应用在什么场合？

7. 速度换接回路的作用是什么？速度换接回路包括哪两种类型的速度换接？

8. 什么是顺序动作回路？按其控制方法不同有哪些类型？

9. 同步控制回路的作用是什么？有哪几种措施来实现同步控制回路？

10. 试填写图 3-28 所示液压传动系统实现"快进→工进→快退→停止"工作循环的电磁铁动作顺序表。（电磁铁通电为"＋"，断电为"－"）

11. 试填写图 3-29 所示液压传动系统实现"快进→工进→快退→原位停止及泵卸荷"工作循环的电磁铁动作顺序表。(电磁铁通电为"+",断电为"−")

12. 试填写图 3-30 所示液压传动系统实现"快进→中速进给→慢速进给→快退→停止"工作循环的电磁铁动作顺序表。(电磁铁通电为"+",断电为"−")

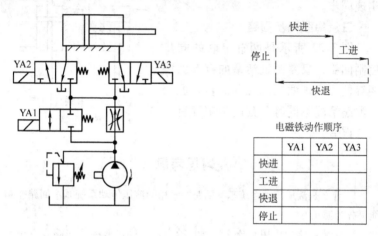

电磁铁动作顺序

	YA1	YA2	YA3
快进			
工进			
快退			
停止			

图 3-28 液压传动系统（一）

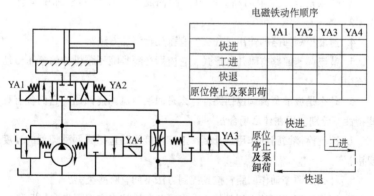

电磁铁动作顺序

	YA1	YA2	YA3	YA4
快进				
工进				
快退				
原位停止及泵卸荷				

图 3-29 液压传动系统（二）

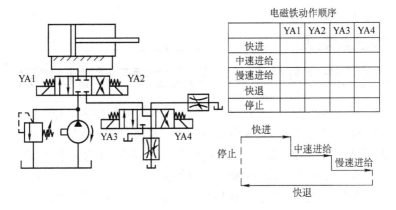

电磁铁动作顺序

	YA1	YA2	YA3	YA4
快进				
中速进给				
慢速进给				
快退				
停止				

图3-30 液压传动系统（三）

第四章

液压传动系统应用举例及主要元件故障排除

液压传动技术在机械制造、冶金、轻工等部门中得到广泛应用。液压传动系统是由各种动力元件、控制元件、执行元件和辅助元件所组成的完成一定动作的整体。液压传动系统根据不同设备工作情况组成不同的油路，种类繁多。

分析液压传动系统工作原理，关键是读懂液压传动原理图。该图是由代表各种液压元件的图形符号组成的。它反映了液压设备所完成的动作顺序、调速方式、液压元件型号等内容。

要想正确阅读液压传动原理图，首先要很好地掌握液压传动技术知识，熟悉各种液压元件的工作原理和作用，了解各种基本回路的作用和组成，熟悉液压传动系统的各种控制方法及图中的符号标记；其次要联系实际，多读多练，通过对各种典型液压传动系统的学习，达到触类旁通和熟能生巧的效果。

阅读液压传动原理图的一般步骤为：

1）了解液压传动系统完成的功能和动作循环以及应具有的各种性能。

2）根据动作循环，找到实现每个单一动作的主油路和控制油路。这是看懂液压传动原理图的难点所在。读者需要在此多下功夫，认真分析。对于主油路，要查找到液压泵输出的液压油流经的各种液压阀，最后到达液压缸的油流通路，这就是进油路；然后查找从液压缸流出的液压油流经的液压阀，到达油箱的油流通路，这就是回油路。特别要读懂换向阀的换向过程和工作位置。对于控制油路（一般用虚线表示），要查找到控制油源，经液压阀到达需控制的液压元件的油流通路，读懂控制油路的作用方式和作用条件。

3）根据各个动作的工作性能，弄懂实现这一动作的主油路和控制油路上各液压元件的类型、性能及作用，分析该油路的工作过程和性能特点。

4）在分析每个动作油路的基础上，读懂整个液压传动原理图，将每个动作过程联系起来，列出电磁铁和其他转换元件的动作顺序表。

◇◇◇ 第一节　组合机床动力滑台液压传动系统

组合机床是由通用零部件和专用零部件组成的高效专用机床。动力滑台是组合机床的通用部件。现以 YT4543 型液压动力滑台系统为例，说明以速度转换为主的液压传动系统的工作原理。

一、YT4543 型液压动力滑台系统中各液压元件的作用

液压传动系统的各种动作功能是由液压元件通过各种组合，构成油路来实现的。了解系统中液压元件的作用是看懂液压传动原理图，分析液压传动系统性能和特点的重要环节。下面以液压动力滑台系统为例，介绍各液压元件的作用，如图 4-1 所示。

（1）变量泵 17　该泵为限压式变量泵，随着负载变化而输出不同流量的油液，以适应快速和慢速运动的要求。

（2）液压缸 8　该液压缸为缸体运动而活塞固定的差动液压缸。无杆腔与有杆腔的有效面积之比为 2∶1，使快速进给和快速退回的速度相等。

（3）电液换向阀　它由三位五通液控换向阀 15 和三位五通电磁换向阀 14 组成，用以控制液压缸的运动方向。

（4）调速阀 4 和 5　这两个调速阀串联在进油路上，分别实现两次节流调速。

（5）行程阀 7　二位二通行程换向阀，用于控制快速进给和工作进给的速度换接。

（6）顺序阀 2　在液压缸快进时，系统压力低，顺序阀 2 关闭，使液压缸形成差动连接；在液压缸工进时，由于系统压力升高，顺序阀2打开，回油经背压阀1流回油箱。

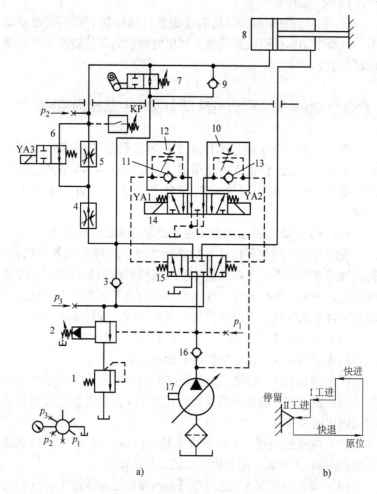

图 4-1　YT4543 型液压滑台系统

a）液压传动系统图　b）工作循环图

1—背压阀　2—顺序阀　3、9、11、13、16—单向阀　4、5—调速阀

6—二位二通电磁阀　7—行程阀　8—液压缸　10、12—节流阀

14、15—换向阀　17—变量泵

（7）单向阀3　当液压缸工进时，单向阀3将进油路与回油路隔开。

（8）单向阀16　除了防止系统的油液回流，保护液压泵外，更重要的是使控制油路具有一定的压力，用以通过三位五通电磁换向阀的控制来推动三位五通液控换向阀的阀芯，实现液动换向阀换向。

（9）压力继电器KP　控制电液换向阀，使液压缸快速退回。

（10）二位二通电磁阀6　控制两种工进速度的换接。

（11）节流阀10和12　用以调节三位五通液控换向阀换向的速度，提高换向平稳性。

二、YT4543型液压动力滑台系统的工作原理

图4-1a为液压动力滑台系统图。图4-1b为其工作循环图。下面介绍它的工作过程：

（1）快进　按下起动按钮，YA1通电，液控换向阀15左位工作，变量泵17输出的液压油经单向阀16，液控换向阀15左位、行程阀7（右位）进入液压缸8左腔；液压缸右腔的油液经液控换向阀15左位、单向阀3、行程阀7右位也进入液压缸左腔，实现差动连接。此时顺序阀2关闭，变量泵工作在低压状态，输出最大流量，使滑台为快速进给。

（2）Ⅰ工进　当滑台快速前进到调定位置时，液压挡块压下行程阀7，切断行程阀油路，这时液压油经调速阀4、二位二通电磁阀6右位才能进入液压缸左腔。由于系统压力升高，顺序阀2被打开，液压缸右腔的油液经液控换向阀15左位、顺序阀2和背压阀1流回油箱。这时滑台转换为Ⅰ工进速度进给，速度的大小由调速阀4的开口量决定。定量泵因输出压力升高而自动减小其输出流量，适应了Ⅰ工进的速度需要。

（3）Ⅱ工进　在Ⅰ工进完成时，挡块压下行程开关，发出信号，YA3通电，二位二通电磁阀6左位工作，液压油经调速阀4和5进入液压缸左腔。液压缸右腔的回油路线与Ⅰ工进时相同。这时滑台转换成 Ⅱ 工进（速度更慢），其速度大小由调速阀 5 调节。

（4）死挡铁停留 当滑台以 Ⅱ 工进速度进给，碰上死挡铁时，滑台停留在死挡铁处。

（5）快退 当滑台碰下死挡铁停止运动时，变量泵继续供油，系统压力进一步升高，当压力升高到压力继电器 KP 的调定压力值时，KP 发出电信号，使 YA1 断电、YA2 通电，液控换向阀 15 右位工作。此时，液压油经单向阀 16、液控换向阀 15 右位进入液压缸右腔；液压缸左腔的油液经单向阀 9、液控换向阀 15 右位流回油箱，液压缸快速退回。此时，滑台负载变小，系统压力低，变量泵输出流量又自动增大，满足滑台快退需要。

（6）原位停止 当滑台快退到原位时，挡块压下终点行程开关，使 YA2、YA3 断电，液控换向阀 15 处于中位，液压缸两腔油路封闭，滑台停止运动。这时，变量泵在低压状态下卸荷。

YT4543 型液压动力滑台系统电磁铁工作循环见表 4-1。

表 4-1　YT4543 型液压动力滑台系统电磁铁工作循环表

动作名称	动作来由	YA1	YA2	YA3	行程阀
快进	按下起动按钮	+			
Ⅰ工进	挡块压下行程阀	+			+
Ⅱ工进	挡块压下行程开关	+			+
死挡铁处停留	挡块碰上死挡铁	+	+		+
快退	压力继电器发出电信号		+		
原位停止	挡块压下原位开关				

注："＋"表示通电。

三、YT4543 型液压动力滑台系统的特点

通过以上分析可以看出 YT4543 型液压动力滑台系统有以下主要特点：

1）采用限压式变量泵 – 调速阀双重调速保证了滑台所需的低速运动、较好的速度刚性和较大的调节范围，并能减少系统发热；在回路上设置了背压阀，改善了运动平稳性。

2）采用进口节流加背压阀的调节速度方式，使起动和快进转工进时的冲击较小。

3）采用差动连接回路实现快进，提高了进给速度。

4）采用限压式变量泵，使快速运动和工进时液压能得到较为经济合理的利用，系统的效率较高。

5）采用行程阀和顺序阀实现快进转工进的换接，不仅能简化机床电路，而且动作可靠，转换精度也比电气控制方式高。

◇◇◇ 第二节　万能液压机液压传动系统

万能液压机用途广泛，适用于弯边、翻边、拉伸、成形和冷挤压等冲压工艺。它的液压传动系统有上、下两个液压缸——主缸和顶出缸。现以 YB32—100 型万能液压机液压传动系统为例，说明以压力为主的液压传动系统的工作原理。

一、YB32—100 型万能液压机液压传动系统中各液压元件的作用

YB32—100 型万能液压机液压传动系统如图 4-2 所示。

（1）液压泵 3　该泵为恒功率高压变量柱塞泵，工作压力高，输出液压油的额定压力为 31.5MPa，在负载增大时，系统压力升高，泵输出流量会自动减小，达到恒功率工作状态。

（2）电液换向阀　它由三位五通液控换向阀 8 和三位四通电磁换向阀 6 组成，用以控制主液压缸的运动方向。

（3）组合阀 14　它由两部分组成：右半部分为主油路调压安全阀，由主溢流阀和先导型溢流阀组成，其中，先导型溢流阀可实现远程控制；左半部分为直接作用式安全阀，用于顶出缸在拉伸工作时调节压紧板料压力大小。

（4）组合阀 10　中部为液控单向阀，起到主缸上腔保压作用。左部为泄压溢流阀，该阀进油口与主缸下腔油路连通，控制油口与主缸上腔连通，当主缸上腔压力较高时，该阀打开。在主缸回程时，主缸下腔的液压油经泄压溢流阀、节流阀回油，同时

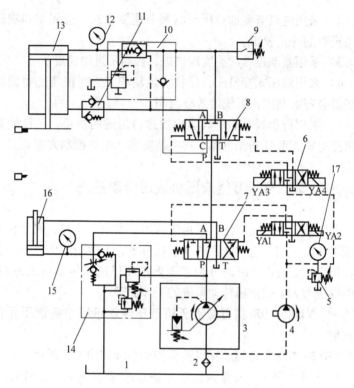

图 4-2 YB32—100 型万能液压机液压传动系统

1—油箱 2—过滤器 3—变量柱塞泵 4—齿轮泵 5—低压溢流阀
6—三位四通电磁换向阀 7、8—液控换向阀 9—压力继电器
10、14—组合阀 11—支承平衡阀 12、15、17—压力表 13、16—液压缸

建立起一定压力，打开主缸上腔液控单向阀中的先导阀，使主缸上腔卸压，卸压到较小压力时，主缸活塞开始回程，泄压溢流阀关闭。所以该组合阀既可使主缸上腔保压，又能达到主缸上腔泄压，右部为单向阀，其作用是主缸活塞慢速下行时将进油路与回油路隔开。

（5）支承平衡阀 11 其作用是支承活动横梁重量，以保证活动横梁在任意位置停止可靠，还可防止主缸活塞向下移动时超速。

（6）齿轮泵 4 向控制油路提供液压油，压力较低。

（7）压力继电器 9　当油液压力达到调定压力时，发出电信号，系统进入保压状态。

二、YB32—100 型万能液压机液压传动系统的工作原理

它的工作过程分为主缸工作过程和顶出缸工作过程，现分述如下：

1. 主缸工作过程（以半自动循环为例）

（1）快速下行　首先按压起动按钮，液压泵开始供油，此时高压柱塞泵和齿转泵工作，然后按压下行按钮，YA4 通电，高压柱塞泵供油，油液经三位五通液控换向阀 7 中位、液控换向阀 8 右位、组合阀 10 中的液控单向阀进入主缸上腔；主缸下腔中的液压油经支承平衡阀 11，液控换向阀 8 右腔、组合阀 10 中的单向阀和液控单向阀到达主缸上腔，实现差动连接，使主缸活塞快速下行。

（2）慢速压制　当活动横梁（与主缸活塞连接在一起）快速下行接触工件时，主缸上腔的压力增大，打开组合阀 10，使主缸下腔液压油经支承平衡阀 11、组合阀 10 中的泄压溢流阀流回油箱，高压变量柱塞泵 3 继续加压，直到压力继电器 9 的调定压力，这时，压力继电器发出信号，YA4 断电，压制完成，主缸上腔进入保压状态。

（3）保压　当 YA4 断电时，组合阀 10 中的液控单向阀完全关闭，主缸上腔液压油进入保压状态，高压变量柱塞泵 3 这时卸压。保压是液压机需要的重要功能，能使工件完全定型，达到加工所需的形状和尺寸。

（4）自动卸压回程（活动横梁向上过动）　在压力继电器 9 发出信号，YA4 断电，主缸上腔进入保压的同时，电器系统中的时间继电器开始延时，延时长短由保压需要时间而定。在保压时间结束时，YA3 通电，液压泵供油通过换向阀 7 中位、换向阀 8 左位分三路：一路到达组合阀 10 中的液控单向阀的液控口，打开该阀使主缸上腔泄压；另一路通过组合阀 10 中的泄压溢流阀中的节流口流回油箱，当主缸上腔泄压完成时，该阀关闭；第三路经支承平衡阀到主缸下腔，当上腔泄压完成，组合阀10中的泄压阀关闭时，液压油作用在主缸下腔，使活塞上行回程，上腔液压油经组合阀10中的液控单向阀、换向阀8的左位流回油箱。活塞上行到行程开关位置停止，主缸半自动循环完成。

2. 顶出缸工作（以点动为例）

（1）顶出杆顶出　按压顶出按钮，YA1通电，液压油经液控换向阀7左位进入顶出缸16下腔，顶出杆顶出，以便取下压制好的工件，顶出缸上腔中的液压油经换向阀7左位流回油箱。

（2）顶出杆退回　按压退回按钮，YA2通电，液压油经换向阀7右位进入顶出缸上腔，顶出杆退回原位，下腔回油经换向阀7右位流回油箱。

三、YB32—100型万能液压机液压传动系统的特点

该液压机液压传动系统的主要特点如下：

1）采用恒功率变量泵，流量随着压力变化自动调节。当压力较小时，输入流量最大，液压缸活塞运动速度较快；当压制工件时，压力升高，流量随之变小，使液压能得到较为经济合理的利用。

2）采用保压及泄压阀组，主缸回程时，实现了先泄压后回程，减小了液压传动系统的冲击、振动，使系统工作平稳。

3）采用组合阀，减少了液压传动系统管路及漏油环节，克服了系统压力升高而引起的共振。

4）采用差动油路，提高了主缸快速下行的速度，使液压能得到充分合理的利用。

◇◇◇ **第三节　液压传动系统中主要元件常见故障排除**

液压传动系统中主要元件常见故障及排除方法见表4-2～表4-7。

表4-2　液压泵常见故障及排除方法

故障现象	产生原因	排除方法
不排油或无压力	1. 原动机和液压泵转向不一致 2. 油箱油位过低 3. 吸油管或过滤器堵塞 4. 进油口漏气 5. 组装螺钉过松	1. 纠正转向 2. 补油至油标线 3. 清洗吸油管路或过滤器，使其畅通 4. 更换密封件或接头 5. 拧紧螺钉
流量不足或压力不能升高	1. 吸油管或过滤器部分堵塞 2. 吸油端连接处密封不严，有空气进入，吸油位置太高 3. 泵盖螺钉松动 4. 系统泄漏 5. 溢流阀失灵	1. 除去脏物，使其畅通 2. 在吸油端连接处涂油，若有好转，则紧固连接件，或更换密封，降低吸油高度 3. 适当拧紧螺钉 4. 对系统进行顺序检查 5. 检修溢流阀
噪声严重	1. 吸油管或过滤器部分堵塞 2. 吸油端连接处密封不严，有空气进入，吸油位置太高 3. 从液压泵轴油封处有空气进入 4. 油液粘度过高，油中有气泡 5. 转速太高	1. 除去脏物，使其畅通 2. 在吸油端连接处涂油，若有好转，则紧固连接件，或更换密封，降低吸油高度 3. 更换油封 4. 换粘度适当的液压油，提高油液质量 5. 使转速降至允许的最高转速以下
过热	1. 油液粘度过高或过低 2. 油液变质，吸油阻力增大 3. 油箱容积太小，散热不良	1. 更换粘度适合的液压油 2. 换油 3. 加大油箱，扩大散热面积

表 4-3　液压缸常见故障及排除方法

故障现象	产生原因	排除方法
爬行	1. 液压缸内有空气混入 2. 运动密封件装配过紧 3. 活塞杆与活塞不同轴，活塞杆不直 4. 导向套与缸筒不同轴 5. 液压缸安装不良，其中心线与导轨不平行 6. 缸筒内壁锈蚀、拉毛 7. 活塞杆两端螺母拧得过紧，使其同轴度降低 8. 活塞杆刚性差	1. 设置排气装置或开动系统强迫排气 2. 调整密封件，使之松紧适当 3. 校正、修正或更换活塞杆 4. 修正调整 5. 重新安装 6. 去除锈蚀、毛刺或重新镗缸 7. 略松螺母，使活塞杆处于自然状态 8. 加大活塞杆直径
冲击	1. 缓冲间隙过大 2. 缓冲装置中的单向阀失灵	1. 减小缓冲间隙 2. 修理单向阀
推力不足或工作速度下降	1. 缸体和活塞间的配合间隙过大或密封件损坏，造成内泄漏 2. 缸体和活塞的配合间隙过小，密封过紧，运动阻力大 3. 缸盖与活塞杆密封压得太紧或活塞杆弯曲，使摩擦阻力增加 4. 油温太高，粘度降低，泄漏量增加，使缸速降低 5. 液压油中杂质过多，使活塞或活塞杆卡死	1. 修理或更换不合精度要求的零件，重新装配、调整或更换密封件 2. 增大密封间隙，调整密封件的压紧程度 3. 调整密封件的压紧程度，校直活塞杆 4. 检查温升原因，采取散热措施，改进密封结构 5. 清洗液压传动系统，更换液压油
外泄漏	1. 活塞杆表面损伤或密封件损坏，造成活塞杆处密封不严 2. 密封件方向装反 3. 缸盖处密封不良，缸盖螺钉未拧紧	1. 检查并修复活塞杆，更换密封件 2. 更正密封件方向 3. 检查并修理密封件，拧紧螺钉

表4-4　换向阀常见故障及排除方法

故障现象	产生原因	排除方法
阀芯不动或不到位	1. 滑阀卡住 （1）滑阀与阀体配合间隙过小，阀芯在阀孔中卡住不能动作或动作不灵活 （2）阀芯被碰伤，油液被污染 （3）阀芯几何误差超差，阀芯与阀孔装配不同轴，产生轴向卡紧现象 （4）阀体因安装螺钉的拧紧力过大或不均而变形，使阀芯卡住不动 2. 液控换向阀控制回路有故障 （1）油液控制压力不够，弹簧过硬，使滑阀不动，不能换向或换向不到位 （2）节流阀关闭或堵塞 （3）液控滑阀的两端（电磁阀专用）泄油口没有接回油箱或泄油管堵塞 3. 电磁铁故障 （1）因滑阀卡住，交流电磁铁的铁心吸不到底面而烧毁 （2）漏磁，吸力不足 （3）电磁铁接线焊接不良，接触不好 （4）电源电压太低，造成吸力不足，推不动阀芯 4. 弹簧折断、漏装、太软，不能使滑阀恢复中位 5. 电磁换向阀的推杆磨损后长度不够，使阀芯移动过小，引起换向不灵或不到位	1. 检查滑阀 （1）检查滑阀与阀体的配合间隙，研磨或更换阀芯 （2）检查、研磨或重配阀芯，换油 （3）检查、修正阀芯几何误差及与阀孔装配的同轴度误差，检查液压卡紧情况 （4）使拧紧力适当、均匀 2. 检查控制回路 （1）提高控制压力，检查弹簧是否过硬，更换弹簧 （2）检查、清洗节流阀 （3）检查，将泄油管接回油箱，清洗回油管，使之畅通 3. 检查电磁铁 （1）排除滑阀卡住故障，更换电磁铁 （2）检查漏磁原因，更换电磁铁 （3）检查并重新焊接 （4）提高电源电压 4. 检查、更换或补装弹簧 5. 检查并修复，必要时更换推杆

（续）

故障现象	产生原因	排除方法
电磁铁过热或烧毁	1. 电磁铁线圈绝缘不良 2. 电磁铁铁心与滑阀轴线同轴度太差 3. 电磁铁铁心吸不紧 4. 电压不对 5. 电线焊接不好 6. 换向频繁	1. 更换电磁铁 2. 拆卸，重新装配 3. 修理电磁铁 4. 改正电压 5. 重新焊线 6. 减少换向次数，或采用高频性能换向阀
电磁铁动作响声大	1. 滑阀卡住或摩擦力过大 2. 电磁铁不能压到底 3. 电磁铁接触面不平或接触不良 4. 电磁铁的磁力过大	1. 修研或更换滑阀 2. 校正电磁铁高度 3. 清除污物，修整电磁铁 4. 选用电磁力适当的电磁铁

表 4-5　溢流阀常见故障及排除方法

故障现象	产生原因	排除方法
压力波动	1. 弹簧弯曲或弹簧刚度太低 2. 油液不清洁，阻尼孔不畅通 3. 锥阀与锥阀座接触不良或磨损 4. 滑阀表面拉伤或弯曲变形，滑阀动作不灵	1. 更换弹簧 2. 清洗阻尼孔 3. 更换锥阀 4. 修磨或更换滑阀
振动和噪声	1. 回油路有空气进入 2. 调压弹簧永久变形 3. 流量超过额定值 4. 锥阀与阀座接触不良或磨损 5. 油温过高，回油阻力过大 6. 滑阀与阀盖配合间隙过大 7. 回油不畅通	1. 拧紧油管接头 2. 更换弹簧 3. 更换流量匹配的溢流阀 4. 修磨锥阀或更换锥阀 5. 降低油温，降低回油阻力 6. 检查滑阀，控制配合间隙 7. 清洗回油管路

（续）

故障现象	产生原因	排除方法
压力调整无效	1. 滑阀卡住 2. 进、出油口接反 3. 远程控制口接油箱或泄漏严重 4. 主阀弹簧太软、变形 5. 先导阀座小孔堵塞 6. 滑阀阻尼孔堵塞 7. 紧固螺钉松动 8. 压力表不准 9. 调压弹簧折断	1. 修磨或更换滑阀 2. 纠正进、出油口位置 3. 切断远程控制口接油箱的油路，加强密封 4. 更换弹簧 5. 检查清洗 6. 清洗阻尼孔 7. 调整紧固螺钉 8. 检修或更换压力表 9. 更换弹簧
泄漏	1. 锥阀与阀座配合不良 2. 滑阀与阀体配合间隙过大 3. 紧固螺钉松动 4. 密封件损坏 5. 工作压力过高	1. 修磨或更换锥阀 2. 修配或更换滑阀 3. 拧紧紧固螺钉 4. 检查密封情况，更换密封件 5. 降低工作压力或选用额定压力高的溢流阀

表4-6　减压阀常见故障及排除方法

故障现象	产生原因	排除方法
压力调整无效	1. 弹簧折断 2. 阀阻尼孔堵塞 3. 滑阀卡住 4. 先导阀座小孔堵塞 5. 泄油口的螺塞未拧出	1. 更换弹簧 2. 清洗阻尼孔 3. 清洗、修磨或更换滑阀 4. 清洗小孔 5. 拧出螺塞，接上泄油管
出口压力不稳定	1. 油箱内液面低于回油管口或过滤器，使空气进入系统 2. 主阀弹簧太软、变形 3. 滑阀卡住 4. 泄漏 5. 锥阀与阀座配合不良	1. 补油 2. 更换弹簧 3. 清洗、修磨或更换滑阀 4. 检查密封，拧紧螺钉 5. 更换锥阀

表 4-7 节流阀常见故障及排除方法

故障现象	产生原因	排除方法
流量调节失灵或调节范围小	1. 节流阀阀芯与阀体间隙过大，发生泄漏 2. 节流口阻塞或滑阀卡住 3. 节流阀结构不良 4. 密封件损坏	1. 修复或更换磨损零件 2. 清洗元件，更换液压油 3. 选用节流特性好的节流口 4. 更换密封件
流量不稳定	1. 油液中杂质污物黏附在节流口上，通流面积小，速度变慢 2. 节流阀性能差，因振动而使节流口变化 3. 节流阀内外泄漏量大 4. 负载变化使速度突变 5. 油温升高，油液粘度降低，使速度加快 6. 系统中存在大量空气	1. 清洗元件，更换油液，加强过滤 2. 增加节流锁紧装置 3. 检查零件精度和配合间隙，修正或更换超差的零件 4. 改用调速阀 5. 采用温度补偿节流阀或调速阀，或设法减少温升，并采取散热冷却措施 6. 排除空气

复习思考题

1. 图 4-3 所示液压传动系统，活塞的重量 $G_1 = 3000N$，运动部件的重量 $G_2 = 5000N$；活塞的直径 $D = 250mm$，活塞杆的直径 $d = 200mm$；液压泵 1 和 2 的最大工作压力分别为 $p_1 = 70 \times 10^5 Pa$，$p_2 = 320 \times 10^5 Pa$；忽略其他损失。试问：

1）阀 a、b、c、d 各是什么阀？在系统中各起什么作用？

2）阀 a、b、c、d 的压力各应调整为多少？

2. 图 4-4 所示为组合机床液压传动系统，用来实现快进→工进→快退→原位停止、泵卸荷工作循环。试问：图中有哪些错误？说明其理由，并画出正确的液压传动系统图。

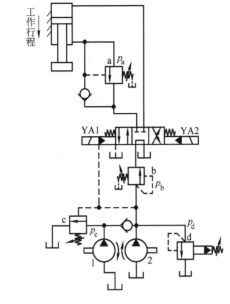

图4-3 液压传动系统

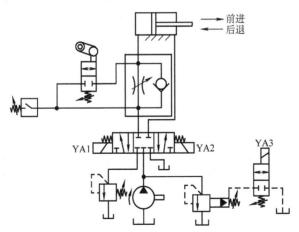

图4-4 组合机床液压传动系统

第二篇 气压传动

第五章

气压传动概述

一、气压传动原理

气压传动是以压缩空气为工作介质进行能量传递的一种传动形式。

下面以气动剪切机为例，简单介绍气压传动原理。图5-1a所示为气动剪切机的结构原理。空气压缩机1产生的压缩空气，经过后冷却器2和分水排水器3进行降温及初步净化处理后储藏在储气罐4中，再经空气过滤器5、调压阀6和油雾器7（简称为气动三联件）后，部分气体到达气控换向阀9的A腔，A腔压力将阀芯推到上端（图5-1a所示位置），气体经由换向阀使气缸10的上腔充压，活塞处于下位，剪切机的剪口张开，处于预备工作状态。当送料机构将工料送入剪切机并到达规定位置时，压下行程阀8的顶杆，使其阀芯向右移动，行程阀8使换向阀9的A腔与大气相通，换向阀9的阀芯在弹簧力作用下下移复位，使气缸上腔经由换向阀9与大气连通，下腔则与压缩空气连通，此时活塞带动下剪切刃快速向上，形成剪切运动，将工料切下。工料被切，落下后即可行程阀脱开，行程阀8的阀芯左移复位，阀芯将排气通道封闭，使换向阀9的A腔气压上升，相应其阀芯上移，气路换向。压缩空气则经由换向阀9进入气缸的上腔，下腔排气，气缸的活塞带动下剪切刃向下运动，系统又恢复到图5-1a所示的预备状态，等待第二次进料剪发。气路中的换向阀，根据行程阀的指令不断改变压缩空气的通路，使气缸活塞带动剪切机构实现剪切工料和剪切刃复位的动作。

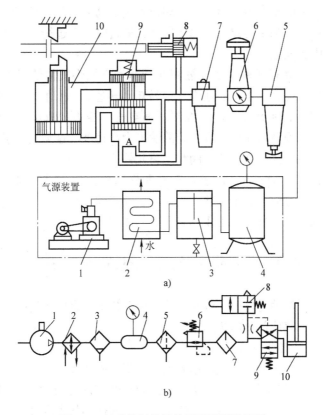

图 5-1 气动剪切机结构原理及图形符号

a) 结构原理 b) 图形符号

1—空气压缩机 2—冷却器 3—分水排水器 4—储气罐 5—空气过滤器
6—调压阀 7—油雾器 8—行程阀 9—气控换向阀 10—气缸

图 5-1a 是气动剪切机的结构原理图，为了简化其绘制，可用图形符号代替各元件。图 5-1b 即为用图形符号表示的气动剪切机工作原理图。

二、气压传动系统的组成

由上例可知，气压传动系统由以下 4 部分组成。

（1）动力元件 它将原动机（如电动机）供给的机械能转

变为气体的压力能,为各类气动设备提供动力。用气量较大的厂矿企业一般都专门建立压缩空气站,通过输送管道统一向各用气点分配压缩空气。

(2)执行元件　如气缸和气马达。它能将气体的压力能转换为机械能,输出力和速度(或转矩和转速),驱动工作部件。

(3)控制元件　用以控制压缩空气的压力、流量和流动方向,以保证执行元件具有一定的输出力和速度。这类元件包括调压阀、方向控制阀、流量阀和逻辑元件等。

(4)辅助元件　除上述三类元件以外,其余元件称为辅助元件,如过滤器、干燥器、消声器、油雾器和管件等。它们对保证系统可靠、稳定地工作起着重要的作用。

◇◇◇　第二节　气压传动的优缺点

气压传动与机械、电气、液压传动相比,有以下优缺点。

一、气压传动的优点

1)由于工作介质是空气,不仅取之不尽,用之不竭,来源方便,而且用过后可直接排入大气,不污染环境。

2)由于空气的粘度很小(约为油粘度的万分之一),因此其损失很小,节能、高效,适于远距离输送和集中供气。

3)气动动作迅速,反应快,维护简单,调节方便,可直接利用气压信号实现系统的自动控制。

4)工作环境适应性好。无论是在易燃、易爆、多尘埃、强磁、辐射、振动等恶劣环境中,还是在食品加工、轻工、纺织、印刷、精密检测等高净化、无污染场合,都具有良好的适应性,且工作安全可靠,过载时能自动保护。

5)气压传动元件结构简单、成本低、寿命长,易于标准化、系列化和通用化。

二、气压传动的缺点

1)由于空气具有可压缩性,因此载荷变化时的运动平稳性稍差。

2）因工作压力低，不易获得较大的输出力或转矩。

3）有较大的排气噪声。

4）因空气无润滑性能，故在气路中一般应设置供油润滑装置。

◇◇◇ 第三节　我国气压传动技术的发展概况

20 世纪 50 年代，气压传动技术在我国已开始应用于某些工业部门。20 世纪 60 年代中期开始建立气压传动元件厂，生产气动产品。

1975 年，第一机械工业部将气动行业归口管理后，组织了由我国一些主要研究所和生产厂家组成的联合设计组，对气动产品进行了联合设计，从而使我国开始有了系列化的气动产品，并很快投入批量生产。在此之后，又相继建立了一批新的气压传动元件生产厂，使生产能力大幅度提高，产量迅速增加。

改革开放以来，我国气动行业迅速发展。近年来，通过技术引进和科研攻关，气动产品水平也得到较大提高，研制和生产了一些具有先进水平的产品，如电气伺服阀、无油润滑气动组件、低功率电磁气动阀等。今天，我国的气压传动技术已不再是原有概念上的气压传动技术，而是发展成包括传动、控制与检测在内的自动化技术，并已广泛用于机械、电子、轻工、纺织、食品、医药、包装、冶金、石化、航空、交通运输等各个工业部门。

复习思考题

1. 什么叫气压传动？试简述其工作原理。

2. 气压传动系统由哪几部分组成？试说明各组成部分的作用。

3. 气压传动与其他传动方式相比有哪些主要优缺点？

第六章

气压传动元件

本章介绍气压传动元件的结构、工作原理、应用特点和图形符号。

需要说明的是，气缸的结构、工作原理，推力的计算，换向阀图形符号的表示意义与液压传动类似，此处不再赘述。

◇◇◇ 第一节　动力元件及辅助元件

一、气压动力元件——空气压缩机

空气压缩机是将机械能转换成气体压力能的装置，即输送和压缩各种压力下气体介质的机器。

（1）空气压缩机的分类　空气压缩机的种类很多，分类形式也有多种，若按工作原理的不同来划分，则可分为动力式空气压缩机和容积式空气压缩机。在气压传动系统中，一般采用容积式空气压缩机。

容积式空气压缩机是指通过运动部件的位移，使一定容积的气体顺序地吸入和排出封闭空间以提高静压力的压缩机。这种压缩机按结构又可分为往复式和回转式。其中最常用的是油润滑的活塞式低压空气压缩机。由它产生的空气压力通常小于1MPa。

（2）活塞式空气压缩机的工作原理　图6-1所示为活塞式空气压缩机的工作原理。其中，曲柄8做回转运动，通过连杆7、活塞杆4，带动气缸活塞3做直线往复运动。

当活塞3向右运动时，气缸2腔内形成局部真空，吸气阀9打开，空气在大气压力作用下进入气缸腔内，此过程称为吸气过程；当活塞3向左运动时，吸气阀9关闭，这时气缸内的空气被活塞3压缩，此过程称为压缩过程；当气缸内压缩空气的压力高

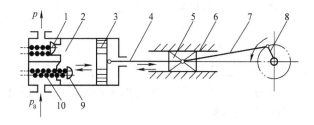

图 6-1　活塞式空气压缩机的工作原理

1—排气阀　2—气缸　3—活塞　4—活塞杆　5、6—十字头与滑道

7—连杆　8—曲柄　9—吸气阀　10—弹簧

于排气管内的压力时，排气阀 1 即被打开，压缩空气进入排气管内，此过程称为排气过程。图 6-1 所示压缩机仅有一个活塞和一个气缸，而大多数活塞式空气压缩机是多缸多活塞的组合。

（3）空气压缩机的选用原则　气压传动系统所需要的工作压力和流量是选择空气压缩机的两个主要参数。一般空气压缩机为中压空气压缩机的排气压力为 $1MPa < p \leqslant 10MPa$，低压空气压缩机的排气压力为 $0.2MPa < p \leqslant 1MPa$，高压空气压缩机的排气压力为 $10MPa < p \leqslant 100MPa$，超高压空气压缩机的排气压力 $p > 100MPa$。

在选择空气压缩机的输出流量时，应根据气压传动系统对压缩空气的需要量再加上一定的备用余量，并考虑管路泄漏和各气动设备是否同时用气等因素。

二、气压辅助元件

气压辅助元件分为气源净化元件和其他辅助元件。

1. 气源净化元件

空气压缩机排出的压缩空气温度高达 140 ~ 170℃，因此压缩空气中的水分和气缸里的润滑油已部分成为气态，再与吸入的灰尘相混合成为杂质。这些杂质若进入气压传动系统，会造成管路堵塞和锈蚀，加速元件的磨损，使泄漏量增加，缩短元件的使用寿命。水蒸气和油蒸气还会使气压传动元件的膜片和橡胶密封件老化和失效。因此必须设置气源净化装置，以提高压缩空气的质量。

(1) 冷却器 冷却器安装在空气压缩机排气口处的管道上。它的作用是将空气压缩机排出的压缩空气温度降至 40 ~ 50℃，使压缩空气中的水蒸气和油雾迅速达到饱和而析出，凝结成水滴和油滴，以便经除油器排出。

图 6-2 所示为蛇管式冷却器的结构及图形符号。热的压缩空气由进口流进冷却管，再从出口流出；冷却水由进口流入冷却管外的水套，冷却压缩空气后经出口流出。

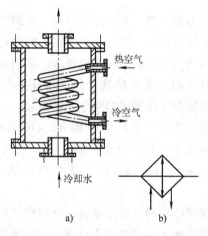

图 6-2   蛇管式冷却器
a) 结构   b) 图形符号

(2) 分水排水器（油雾分离器） 分水排水器的作用是分离压缩空气中凝聚的水分和油分等杂质，使压缩空气得到初步净化。图 6-3 所示分水排水器的工作原理为：压缩空气自入口进入分水排水器壳体内，气流先受隔板的阻挡被撞击折向下方，然后产生环形回转而上升，油滴、水滴等杂质由于惯性力和离心力的作用析出并沉降于壳体的底部，由排污阀定期排出。为达到较好的效果，气流回转后上升速度应缓慢。

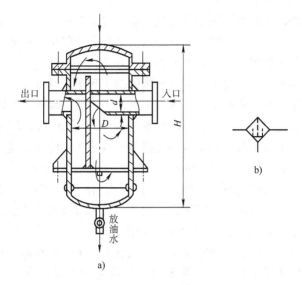

a)

图 6-3 分水排水器的结构和图形符号

a) 结构 b) 图形符号

（3）储气罐 储气罐主要用来调节气流，减少输出气流的压力脉动，使输出气流具有流量连续性和气压稳定性。它可储存一定量的压缩空气，以备发生故障时或临时应急使用，还可以起到进一步分离压缩空气中的油滴、水滴等杂质的作用。在安装储气罐时应使其进气口在下，出气口在上。图 6-4 所示为立式储气罐的结构和图形符号。

（4）空气干燥器 空气压缩机中产生的压缩空气，经冷却器、分水排水器及储气罐的冷却和初步净化后，已可满足一般气压传动系统的要求，但对某些对气源要求高的精密气动装

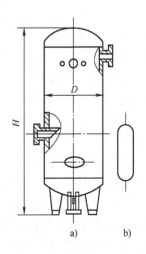

图 6-4 立式储气罐的结构和图形符号

a) 结构 b) 图形符号

置和仪表，压缩空气还必须经过干燥、过滤等进一步净化处理才能使用。目前工业上常用的干燥方法主要是吸附法和冷冻法。吸附法是干燥处理中应用最普遍的一种方法。

图6-5所示为吸附式空气干燥的结构和图形符号。其工作原理为：压缩空气从湿空气进气管1进入干燥器，经过上吸附剂层21、铜丝过滤网20、上栅板19和下吸附剂层16后，压缩空气中所含的水分被吸附剂吸收而变得很干燥，然后经过铜丝过滤网15、下栅板14，毛毡13和铜丝过滤网12，干燥洁净的压缩空气便从干燥空气输出管8排出。吸附剂在使用一段时间，吸附湿空气中的水分达到饱和状态时，吸附剂将失去继续吸湿的能力，此时需要将吸附剂中的水分去除，使吸附剂再生，恢复到干燥状态。其具体做法是：先将湿空气进气管1和干燥空气输出管8关闭，然后从再生空气进气管7向干燥器内输入干燥热空气（温度一般高于180℃），热空气通过吸附层后，将吸附剂中的水分蒸发成水蒸气并使之随着热空气流由再生空气排气管4和6排入大气中。经过一定再生时间后，吸附剂被干燥，恢复继续吸湿的能力，此时将再生空气进气管和再生空气排气管关闭，将湿空气进气管和干燥空气输出管打开，干燥器便进入继续工作状态。

（5）空气过滤器　空气过滤器的作用是滤除压缩空气中的水分、油滴及杂质，以达到气压传动系统所要求的净化程度。图6-6所示为空气过滤器的结构和图形符号。压缩空气从输入口进入后被引入旋风叶子1，旋风叶子上有很多成一定角度的缺口，迫使空气沿切线方向运动，产生强烈的旋转，夹杂在空气中的较大水滴、油滴、灰尘在离心力的作用下与存水杯3内壁碰撞，从空气中分离出来沉到杯底，而微粒灰尘和雾状水蒸气则在气体通过滤芯2时被拦截滤去，洁净的空气便从输出口输出。为防止因气体旋转而将存水杯中积存的水卷起，在滤芯2下部设有挡水板4。存于水杯中的污水可通过手动排水阀5及时排放掉。

2．其他辅助元件

（1）油雾器　油雾器的作用是把润滑油雾化后，注入压缩空

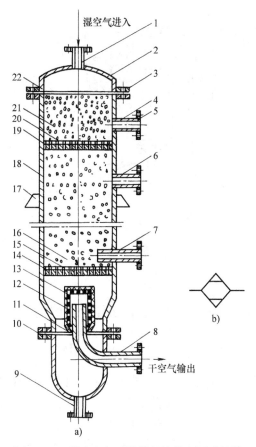

图 6-5　吸附式空气干燥器的结构和图形符号

a）结构　b）图形符号

1—湿空气进气管　2—顶盖　3、5、10—法兰　4、6—再生空气排气管

7—再生空气进气管　8—干燥空气输出管　9—排水管

11、22—密封垫　12、15、20—铜丝过滤网　13—毛毡

14—下栅板　16、21—吸附剂层　17—支承板

18—壳体　19—上栅板

气中，并使之随着气流进入需要润滑的部位，满足润滑的需要。

图 6-7 所示为油雾器的结构和图形符号。压缩空气从气流入口 1

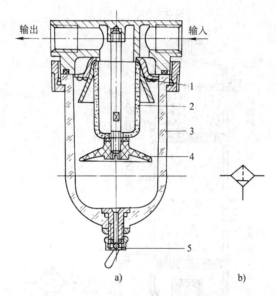

图6-6 空气过滤器的结构和图形符号

a）结构 b）图形符号

1—旋风叶子 2—滤芯 3—存水杯 4—挡水板 5—排水阀

进入后，绝大部分从输出口4流出，有一小部分压缩空气由小孔2进入特殊单向阀10，克服弹簧力推开钢球（由于弹簧的刚度较大和储油杯内气压对钢球的作用，钢球悬浮于单向阀中间位置），特殊单向阀10处于打开状态，压缩空气可进入储油杯5的上腔A，使油面受压，油液经吸油管11、单向阀6和可调节流阀7滴入透明的视油器8内，然后再滴入喷嘴小孔3，被主管道内通过的气流引射出来，雾化后随着气流由出口4输出。通过视油器8可以观察滴油量。滴油量可用可调节流阀7调节。当需要不停气加油时，拧开旋塞9，储油杯5内的气压降为大气压力，压缩空气克服特殊单向阀10的弹簧力把钢球压到下限位置，此时特殊单向阀10处于反向关闭状态，封住了储油杯5的进气道，同时由于单向阀6的作用，压缩空气也不可能从吸油管倒流入储

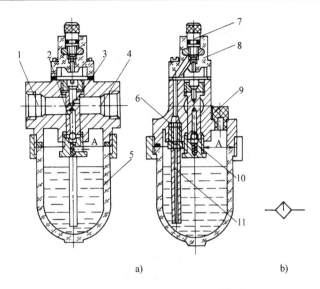

图 6-7　油雾器的结构和图形符号

a）结构　b）图形符号

1—气流入口　2、3—小孔　4—输出口　5—储油杯　6—单向阀　7—可调节流阀

8—视油器　9—旋塞　10—特殊单向阀　11—吸油管

油杯 5，即可保证在不停气的情况下从加油孔加油，而不至于油液因高压气体流入而从加油孔喷出。加油完成，旋紧旋塞 9 后，由于特殊单向阀 10 有少许漏气，储油杯 A 腔内的气压逐渐上升，油雾器又可重新正常工作。

在实际使用中，由于普通空气过滤器、调压阀和油雾器这三个元件在气压传动系统中一般是必不可少的，因而常把它们组合在一起。这种组合件称为气源调节装置。

（2）消声器　气压传动系统用后的压缩空气直接排入大气，会产生强烈的排气噪声。为此，可在换向阀的排气口处安装消声器，以降低排气噪声。图 6-8 所示为吸收型消声器的结构和图形符号。当气流通过由聚苯乙烯颗粒或铜珠烧结而成的消声罩时，气流与消声材料的细孔相摩擦，声能量被部分吸收转化为热能，从而降低了噪声强度。这种消声器可良好地消除中、高频噪声。

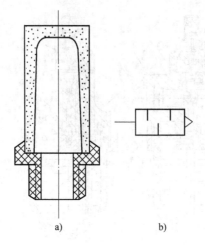

图 6-8 吸收型消声器的结构和图形符号

a）结构 b）图形符号

◇◇◇ 第二节 执行元件

执行元件是将压缩空气的压力能转化为机械能的元件。气动执行元件包括气缸和气马达两大类。气缸用于实现往复运动，气马达用于实现回转运动。下面介绍气缸。

一、常用气缸

（1）单作用气缸 单作用气缸的特点是压缩空气只能使活塞向一个方向运动，另一个方向的运动则需要借助外力，如重力、弹簧力等。如图 6-9 所示，单作用气缸的结构由后缸盖 1、活塞 2、前缸盖 3、活塞杆 4、通气孔 5、弹簧 6 等部分组成。通气孔 5 的作用是使气缸右腔始终与大气相通。

（2）双作用气缸 单活塞杆双作用气缸是使用最为广泛的一种双作用气缸。如图 6-10 所示，单活塞杆双作用气缸由后缸盖 3、活塞 4、密封圈 5、缸筒 6、前缸盖 7、活塞杆 8 等元件组成。

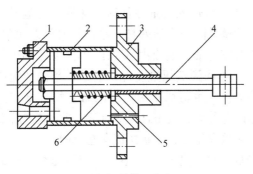

图 6-9　单作用气缸

1—后缸盖　2—活塞　3—前缸盖　4—活塞杆

5—通气孔　6—弹簧

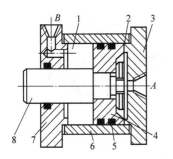

图 6-10　单活塞杆双作用气缸

1、2—左右气腔　3—后缸盖　4—活塞

5—密封圈　6—缸筒　7—前缸盖

8—活塞杆

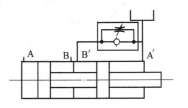

图 6-11　串联式气–液阻尼

缸的工作原理示意图

（3）气–液阻尼缸　气–液阻尼缸是由气缸和液压缸组合而成的。它以压缩空气为能源，利用油液的不可压缩性和控制流量来获得活塞的平稳性和调节活塞的运动速度。与气缸相比，它传动平稳，停位精确，噪声小；与液压缸相比，它不需要液压源，经济性好，同时具有气动和液压的优点，因此得到了越来越广泛的应用。图 6-11 为串联式气–液阻尼缸的工作原理示意图。

当压缩空气自A口进入气缸左侧时，活塞向右运动，因液压缸活塞与气缸活塞是同一个活塞杆，故液压缸活塞也将向右运动，此时液压缸右腔排油，油液由A′口经单向节流阀中的节流阀调速后回B′口，再回到液压缸左腔。显然，单向节流阀中的节流阀对活塞的运行产生阻尼作用。当压缩空气自B口进入气缸右侧时，活塞向左移动，液压缸左侧排油，此时单向节流阀中的单向阀开启，无阻尼作用，活塞快速向左退回。

（4）薄膜气缸　薄膜气缸是一种利用压缩空气通过膜片推动活塞杆做往复直线运动的气缸。图6-12a、b所示分别为单作用式薄膜气缸和双作用式薄膜气缸。它们由缸体1、膜片2、膜盘3和活塞杆4等零件组成。

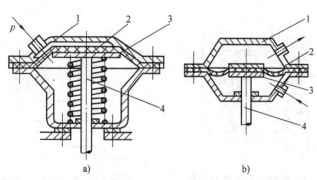

图6-12　薄膜气缸
a）单作用式　b）双作用式
1—缸体　2—膜片　3—膜盘　4—活塞杆

薄膜气缸和活塞式气缸相比较，具有结构紧凑、简单、制造容易、成本低、维修方便、寿命长、泄漏量少、效率高等优点，但因膜片的变形量有限，故其行程短（一般不超过40～50mm）。

（5）冲击气缸　冲击气缸能在瞬间产生很大的冲击能量而做功，因而能应用于打印、铆接、锻造、冲孔、下料、锤击等加工中。

常用的冲击气缸有普通型冲击气缸、快排型冲击气缸、压紧活塞式冲击气缸。下面介绍普通型冲击气缸。

图6-13所示为普通型冲击气缸的结构。它由缸体、前缸盖11、活塞3、活塞杆10及后缸盖7等组成。与普通气缸相比，它增加了蓄能腔5以及中心带有喷嘴和具有排气小孔4的中缸盖8等结构。其工作过程（见图6-14）分为以下三个阶段：

第一阶段是准备阶段，如图6-14a所示。气动回路（图6-14a中未画出）中的气缸控制阀处于原始状态，压缩空气由A孔进入冲击气缸有杆腔，蓄能腔与无杆腔通大气，活塞处于上限位置，活塞上安有密封垫片9，封住中盖上的喷嘴口，中盖与活塞间的环形空间（即此时的无杆腔）经小孔4与大气相通。

第二阶段是蓄能阶段，如图6-14b所示。控制阀接收信号被切换

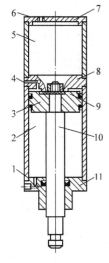

图6-13　普通型
冲击气缸的结构
1、6—进排气口　2—活塞杆腔
3—活塞　4—排气小孔
5—蓄能腔　7—后缸盖
8—中缸盖　9—密封垫片
10—活塞杆　11—前缸盖

后，蓄能腔进气，作用在与中盖喷嘴口接触的活塞的一小部分面积上（通常设计为约占整个活塞面积的1/9）的压力 p_1 逐渐增大，进行充气蓄能。与此同时，有杆腔排气，压力 p_2 逐渐降低，使作用在有杆腔活塞面上的作用力逐渐减小。

第三阶段是冲击做功阶段，如图6-14c所示。当活塞上下两边的作用力不能保持平衡时，活塞即离开喷嘴向下运动。在活塞离开喷嘴的瞬间，蓄能腔内的气体压力突然加到无杆腔的整个活塞面积上，于是活塞在较大气体压力差的作用下加速向下运动，瞬间以很高的速度（为同样条件下普通气缸速度的5～10倍），即以很高的动能冲击工件做功。

经过上述三个阶段后，控制阀复位，冲击气缸又开始下一循环。

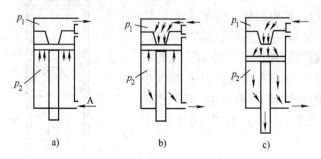

图 6-14　冲击气缸的工作过程
a）准备阶段　b）蓄能阶段　c）冲击做功阶段

二、标准化气缸简介

过去各气缸使用单位大都自行设计气缸。后来原机械工业部制定了 5 个系列的标准化气缸（简称为标准化气缸），并由有关工厂生产供应。因此，在设计和生产中应尽可能地选用标准化气缸。

1. 标准化气缸的系列和标记

$$\boxed{QG}\ \boxed{系列代号}\ \boxed{缸径}\ \times\ \boxed{行程}\ -\ \boxed{安装形式代号}$$

其中，QG 表示气缸。

系列代号有 A、B、C、D、H 5 种。A 为无缓冲普通气缸，B 为细杆缓冲气缸，C 为粗杆缓冲气缸，D 为气 – 液阻尼缸，H 为回转气缸。

安装形式代号有 F、S、G、B 4 种。F 为法兰式，S 为尾部单耳式，G 为脚架式，B 为中间摆动式。

例如，内径为 100mm，行程为 125mm，法兰式安装的无缓冲普通气缸的型号标记为：QGA100 × 125 – F。

2. 标准化气缸的主要参数

标准化气缸的主要参数是缸径 D 和行程 L，这是因为缸径大小标志着气缸活塞杆理论输出力的大小，行程大小标志着气缸的作用范围。

标 准 化 气 缸 缸 径 D 有 40mm、50mm、63mm、80mm、100mm、125mm、160mm、200mm、250mm、320mm、400mm 共 11 种规格。

对于行程 L，无缓冲气缸取 $L = (0.5 \sim 2) D$，有缓冲气缸取 $L = (1 \sim 10) D$。

三、气缸使用时的注意事项

为了保证气缸的正常工作及使用寿命，必须注意下列事项：

1）气缸正常工作条件：环境及介质温度为 $-35 \sim 80°C$，工作压力为 $0.2 \sim 0.8MPa$。

2）安装前，应在 1.5 倍工作压力下试压，不应有漏气现象。

3）除无油润滑气缸外，装配时所有相对运动工作表面应涂以润滑脂。气源进口必须设置油雾器。

4）当行程中载荷有变动时，应使用输出力充裕的气缸，并要附加缓冲装置。此时，在气缸开始工作前，应将缓冲节流阀调至缓冲阻尼最小位置，而在气缸正常工作后，再逐渐调节缓冲节流阀，增大缓冲阻尼，直至满意为止。

5）不使用满行程，特别是当活塞杆伸出时，不要使活塞与缸盖相碰。

6）活塞杆不允许承受偏载负荷，特殊情况下也应使偏心力小于最大载荷的 1/20。

7）必须按产品说明书要求正确安装气缸。

◇◇◇ **第三节 压力控制阀**

在气压传统系统中，控制压缩空气的压力和依靠气压来控制执行元件动作顺序的阀统称为压力控制阀。这类阀的共同特点是：利用作用于阀芯上的压缩空气压力和弹簧力相平衡的原理来进行工作。

压力控制阀按控制功能的不同可分为减压阀（又称调压

液压与气动　第2版

阀）、顺序阀和溢流阀。

图形符号

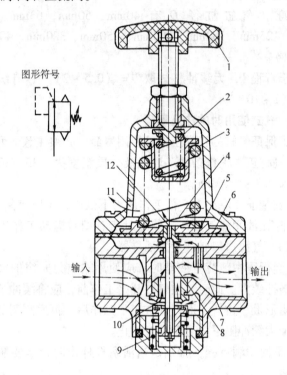

图6-15　QTY型直动式减压阀（带溢流）的结构和图形符号

1—旋钮　2、3—弹簧　4—溢流阀座　5—膜片　6—膜片气室　7—阻尼管　8—阀芯
9—复位弹簧　10—进气阀口　11—排气孔　12—溢流孔

一、减压阀

气动设备和装置的气源一般都来自压缩空气站。压缩空气站供给的压缩空气的压力通常都高于气动设备和装置的实际需要，且波动较大，因此需要用调节压力的减压阀来降低，使其调节到每台气动设备和装置实际需要的压力，并保持该压力值的稳定。

（1）类型及工作原理　减压阀按压力调节方式的不同可分为直动式调压阀和先导式调压阀，按有无溢流机构可分为有溢流机构调压阀和无溢流机构减压阀。

直动式减压阀是利用手柄直接调节调压弹簧来改变阀的输出

150

压力的一种减压阀。

图 6-15 所示为 QTY 型直动式减压阀（带溢流）的结构和图形符号。其动作原理是：当阀处于工作状态时，调节旋钮 1，弹簧 2、3 及膜片 5 被压缩，使阀芯 8 下移，进气阀口（减压口）10 被打开，有压气流从左端输入，经进气阀口 10 节流减压后从右端输出。输出气流的一部分由阻尼管 7 进入膜片气室 6，在膜片 5 的下面产生一个向上的推力，这个推力总是企图把阀口的开度关小，使阀的出口压力下降。在作用在膜片 5 上的推力与弹簧力相互平衡后，减压阀的出口压力便保持一定。若进口压力瞬时升高，则出口压力也随之升高，作用在膜片 5 上的气体压力也相应增大，破坏了原来的力平衡而使膜片 5 向上移动，有少量气体经溢流孔 12、排气孔 11 排出。在膜片上移的同时，因复位弹簧 9 的作用，阀芯 8 也向上移动，进气阀口 10 的开度减小，节流作用增大，使出口压力下降，直到新的平衡为止。重新平衡后的出口压力又基本上恢复至原值。反之，若进口压力瞬时下降，则出口压力相应下降，膜片 5 下移，进气阀口 10 的开度增大，节流作用减小，出口压力又基本上回升至原值。

调节旋钮 1，使弹簧 2、3 恢复自由状态，出口压力降为零，阀芯 8 在复位弹簧 9 的作用下关闭进气阀口 10。这样，减压阀便处于截止状态，无气流输出。

QTY 型直动式减压阀的调压范围为 0.05～0.63MPa。为了限制气体流过减压阀时所造成的压力损失，规定气体通过阀内通道的流速在 15～25m/s 范围内。

必须指出，在带溢流的减压阀的使用过程中，经常要从溢流孔排出少量气体。因此，在介质为有害气体的气路中，为防止工作场所空气污染，应选用不带溢流的减压阀。不带溢流的减压阀与带溢流的减压阀的区别在于溢流阀座上没有溢流孔。

（2）减压阀的使用要点

1）减压阀的进口压力应比最高出口压力至少大 0.1MPa。

2）安装减压阀时，最好使手柄在上，以便于操作。阀体上的箭头方向为气体的流动方向，安装时不要装反。阀体上的堵头可拧下来，装上压力表。

3）在安装管道前，要用压缩空气将其吹净或用酸蚀法将锈屑等清洗干净。

4）在减压阀前安装分水过滤器，在减压阀后安装油雾器，以防减压阀中的橡胶件过早变质。

5）减压阀不用时，应旋松手柄使其回零，以免膜片因经常受压而产生塑性变形。

二、顺序阀

顺序阀是依靠气路中压力的作用而控制执行组件按顺序动作的压力控制阀。其工作原理和图形符号如图6-16所示。其开启压力由弹簧的预压缩量来控制。当输入压力达到或超过开启压力时，顶开弹簧，A口才有输出，反之，A口无输出。

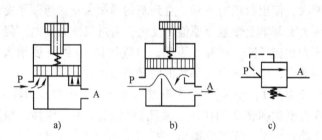

图6-16　顺序阀的工作原理和图形符号
a）关闭状态　b）开启状态　c）图形符号

顺序阀一般很少单独使用，往往与单向阀组合在一起，构成单向顺序阀。图6-17所示为单向顺序阀的工作原理和图形符号。当压缩空气进入腔4并且作用在活塞3上的气体压力超过弹簧2的作用力时，活塞被顶起，压缩空气从P口经腔4、5到A口输出，如图6-17a所示。此时单向阀6在压力差及弹簧力的作用下处于关闭状态。当压缩空气反向流动时，P口排气而变成排气口，A口进气将顶开单向阀6由P口排气，如图6-17b所示。

调节旋钮1可改变单向顺序阀的开启压力，以便在不同的开

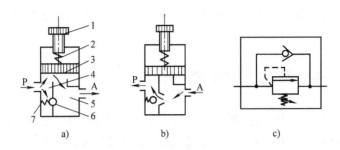

图 6-17　单向顺序阀的工作原理和图形符号

a) 开启状态　b) 关闭状态　c) 图形符号

1—旋钮　2、7—弹簧　3—活塞　4、5—气腔　6—单向阀

启压力下，控制执行元件的顺序动作。

三、溢流阀

溢流阀是为防止管路、储气罐等被破坏，限制回路中最高压力的一种压力阀。

图 6-18 所示为溢流阀的工作原理和图形符号。当系统中的气体压力在调定范围内时，作用在活塞 3 上的压力小于弹簧 2 的力，阀处于关闭状态，如图 6-18a 所示。当系统压力升高，达到或超过溢流阀的开启压力时，活塞 3 上移，打开阀门排气，如图 6-18b 所示。当系统压力降至压力调定范围以下时，阀口又重新关闭。

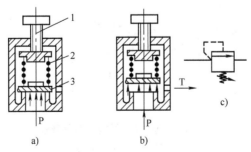

图 6-18　溢流阀的工作原理和图形符号

a) 关闭状态　b) 开启状态　c) 图形符号

1—旋钮　2—弹簧　3—活塞

溢流阀的开启压力可通过旋钮1调整弹簧2的预压缩量来确定。

◇◇◇ 第四节 方向控制阀

方向控制阀是控制压缩空气的流动方向和气路的通断，以控制执行元件动作的一类气动控制元件。它是气压传动系统中应用最多的一种控制元件。

按气流在阀内的流动方向不同，方向控制阀可分为单向型控制阀和换向型控制阀；按控制方式的不同，方向控制阀可分为人力控制阀、气动控制阀、机动控制阀、电力控制阀等；按切换的通路数目，方向控制阀可分为二通阀、三通阀、四通阀和五通阀等；按阀芯工作位置数量的不同，方向控制阀可分为二位阀和三位阀。

一、单向型控制阀

只允许气流沿着一个方向流动的方向控制阀通称为单向型控制阀。

（1）单向阀 气体只能沿一个方向流动，反方向不能流动的阀，与液压传动系统中的单向阀相似。单向阀的结构和图形符号如图6-19所示。

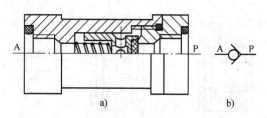

图6-19 单向阀的结构和图形符号

a）结构 b）图形符号

（2）或门型梭阀 或门型梭阀相当于两个单向阀的组合，其结构和图形符号如图6-20所示。当 P_1 口进气时，阀芯右移，

使 P_2 口堵死，压缩空气从 A 口输出；当 P_2 口进气时，阀芯左移，使 P_1 口堵死，A 口仍有压缩空气输出；当 P_1、P_2 口都有压缩空气输入时，按压力加入的先后顺序和压力的大小而定，若压力不同，则高压口的通路打开，低压口的通路关闭，A 口输出高压。或门型梭阀的这种功能在气压传动系统中得到广泛的应用。

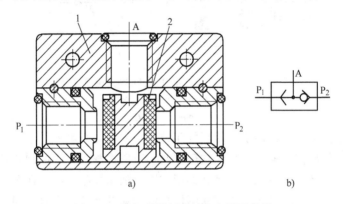

图 6-20 或门型梭阀的结构和图形符号

a）结构 b）图形符号

1—阀体 2—阀芯

（3）快速排气阀 快速排气阀简称为快排阀，是为使气缸快速排气，加快气缸运动速度而设置的，一般安装在换向阀和气缸之间。图 6-21 所示为膜片式快速排气阀的结构和图形符号。当 P 口进气时，推动膜片向下变形，打开 P 与 A 的通路，关闭 T 口；当 P 口没有进气时，A 口气体推动膜片向上复位，关闭 P 口，A 口气体经 T 口快速排出。

二、换向型控制阀

换向型控制阀的作用是通过各种控制方式使阀芯换向，改变气流通道，使气体流动方向发生变化，从而改变气动执行元件的运动方向。

1. 气压控制换向阀

气压控制换向阀是利用空气压力推动阀芯运动，使换向阀换向，从而改变气体的流动方向的换向阀。在易燃、易爆、潮湿、

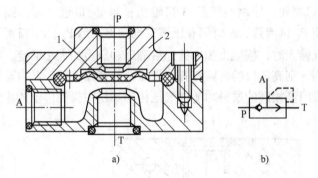

图 6-21　膜片式快速排气阀的结构和图形符号

a）结构　b）图形符号

1—膜片　2—阀体

粉尘大的工作条件下，使用气压控制换向阀安全可靠。

气压控制换向阀分为加压控制、泄压控制、差压控制和延时控制，常用的是加压控制和差压控制。加压控制是指加在阀芯上的压力值是渐升的，当气压增加到阀切换动作的压力时，阀便换向。这类阀有单气控和双气控之分。差压控制利用阀芯两端受气压作用的有效面积不等，在作用力的差值作用下使阀切换。

（1）单气控加压式换向阀　利用空气的压力与弹簧力相平衡的原理来进行控制。图 6-22 所示为二位三通单气控加压式换向阀的工作原理及图形符号。当 K 口有压缩空气输入时，阀芯下移，P 口与 A 口通，T 口不通。当 K 口没有压缩空气输入时，阀芯在弹簧力和 P 腔气体压力的作用下，位于上端，A 口与 T 口通，P 口不通。

（2）双气控加压式换向阀　图 6-23 所示为双气控滑阀式换向阀的工作原理及图形符号。图 6-23a 所示为有气控信号 K_2 时阀的状态，此时阀芯停在左边，其通路状态是 P 口与 A 口、B 口与 T_2 口相通。图 6-23b 所示为有气控信号 K_1 时阀的状态（此时信号 K_2 应不存在），阀芯已换位，其通路状态变为 P 口与 B 口、A 口与 T_1 口相通。双气控滑阀式换向阀具有记忆功能，即在气控信号消失后，阀仍能保持在有信号时的工作状态。

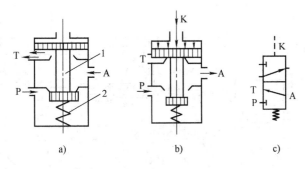

图6-22 二位三通单气控加压式换向阀的工作原理及图形符号

a）K口无压缩空气 b）K口有压缩空气 c）图形符号

1—阀芯 2—弹簧

（3）差压控制换向阀

图6-24所示为二位五通差压控制换向阀的结构和图形符号。阀的复位腔1始终与进气口P相通。在没有气控信号K时，复位活塞2上的气体压力将推动阀芯8左移，其通路状态为P口与A口、B口与T_2口相通，A口进气，B口排气。当有气控信号K时，由于控制活塞11的端面积大于复位活塞2的端面积，因此作用在控制活塞11上的气体压力将克服复位活塞2的压力及摩擦力，推动阀芯8右移，气路换向，其通路状态为P口与B口、A口与T_1口相通，B口进气，A口排

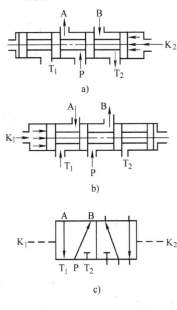

图6-23 双气控滑阀式换向阀的工作原理及图形符号

a）有气控信号K_2 b）有气控信号K_1

c）图形符号

气。当气控信号K消失时，阀芯8借助于复位腔1内的气压作用

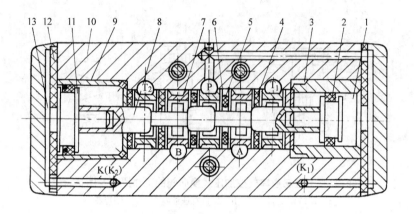

a)

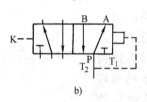

b)

图 6-24 二位五通差压控制换向阀的结构和图形符号

a）结构 b）图形符号

1—复位腔 2—复位活塞 3—复位衬套 4—E 形密封圈 5—组合密封圈

6—垫圈 7—隔套 8—阀芯 9—衬套 10—阀体 11—控制活塞

12—缓冲垫 13—进气腔

复位。采用气压复位可提高阀的可靠性。

2. 电磁控制换向阀

电磁控制换向阀是利用电磁力的作用推动阀芯换向，从而改变气流的流动方向。按照电磁控制部分对换向阀的推动方式，电磁控制换向阀可分为直动式和先导式两大类。

（1）直动式 直动式电磁换向阀电磁铁的铁心在电磁力的作用下，直接推动阀芯换向。直动式电磁换向阀有单电控和双电控两种。

图 6-25 所示为直动式单电控电磁换向阀的工作原理和图形

符号。它只有一个电磁铁。图 6-25a 所示为常态情况，即电磁线圈不通电，此时阀在复位弹簧的作用下处于上端位置，其通路状态为 A 口与 T 口相通，A 口排气。当通电时，电磁铁 1 推动阀芯 2 向下移，气路换向，其通路状态为 P 口与 A 口相通，A 口进气，如图 6-25b 所示。

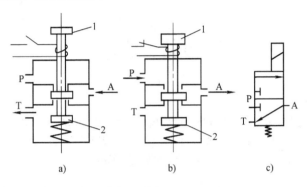

图 6-25　直动式单电控电磁换向阀的工作原理和图形符号

a）不通电　b）通电　c）图形符号

1—电磁铁　2—阀芯

图 6-26 所示为直动式双电控电磁换向阀的工作原理和图形符号。它有两个电磁铁。当电磁线圈 1 通电、2 断电时（见图 6-26a），阀芯被推向右端，其通路状态是 P 口与 A 口、B 口与 T_2 口相通，A 口进气，B 口排气。当电磁线圈 1 断电时，阀芯仍处于原有状态，即具有记忆性。当电磁线圈 2 通电、1 断电时（见图 6-26b），阀芯被推向左端，其通路状态为 P 口与 B 口、A 口与 T_1 口相通，B 口进气、A 口排气。若电磁线圈 2 断电，则气流通路仍保持原状态。

（2）先导式　先导式电磁换向阀由电磁先导阀和主阀组成。它利用直动式电磁阀输出的先导气压去控制主阀芯的换向，相当于一个电气换向阀。该类换向阀按照有无专门的外接控制气口，可分为外控式和内控式两种。

图 6-27 所示为先导式双电控换向阀（外控式）的工作原理

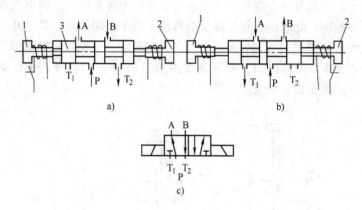

图 6-26　直动式双电控电磁换向阀的工作原理和图形符号

a) 仅电磁线圈 1 通电　b) 仅电磁线圈 2 通电　c) 图形符号

1、2—电磁线圈　3—阀芯

和图形符号。当电磁先导阀 1 的线圈通电而电磁先导阀 2 的线圈断电时（见图 6-27a），主阀 3 的 K_1 腔进气，K_2 腔排气，使主阀阀芯向右移动，此时 P 口与 A 口、B 口与 T_2 口相通，A 口进气，B 口排气。当电磁先导阀 2 的线圈通电而电磁先导阀 1 断电时（见图 6-27b），主阀 K_2 腔进气，K_1 腔排气，主阀芯向左移动，此时 P 口与 B 口、A 口与 T_1 口相通，B 口进气，A 口排气。先导式双电控换向阀具有记忆功能，即通电换向，断电保持原状态。为保证主阀正常工作，两个电磁先导阀不能同时通电，即电路中要考虑互锁。

先导式电磁换向阀便于实现电、气联合控制，所以应用广泛。

人力控制换向阀和机械控制换向阀是利用人力（手动或脚踏）和机动（通过凸轮、滚轮、挡块等）来控制换向阀换向。其工作原理与液压阀相类似，在此不再重复，图形符号见附录。

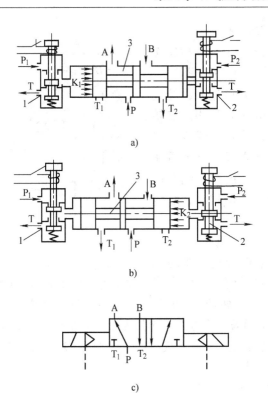

图 6-27　先导式双电控换向阀（外控式）的工作原理和图形符号

a）电磁先导阀 1 的线圈通电　b）电磁先导阀 2 的线圈通电

c）图形符号

1、2—电磁先导阀　3—主阀

◇◇◇ 第五节　流量控制阀

在气压传动系统中，有时要求控制气缸的运动速度，有时要求控制换向阀的切换时间和气动信号的传递速度，这些都需要通过调节压缩空气的流量来实现。

流量控制阀就是通过改变阀的通流截面积来实现流量控制的元件。流量控制阀包括节流阀、单向节流阀、排气节流阀等。

一、节流阀

图 6-28 所示为圆柱斜切型节流阀的结构和图形符号。压缩空气由 P 口进入，经过节流后，由 A 口流出。旋转阀芯螺杆，就可改变节流口的开度，这样就调节了压缩空气的流量。这种节流阀由于结构简单，体积小，故应用范围较广。

二、单向节流阀

单向节流阀是由单向阀和节流阀并联而成的组合式流量控制阀，如图 6-29 所

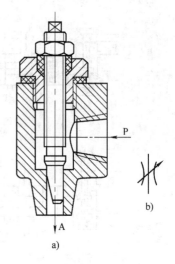

图 6-28　节流阀的结构和图形符号
a）结构　b）图形符号

示。当气流沿着一个方向，例如沿 P→A 方向（见图6-29a）流动时，经过节流阀节流；反方向（见图6-29b）流动时，单向阀打开，不节流。

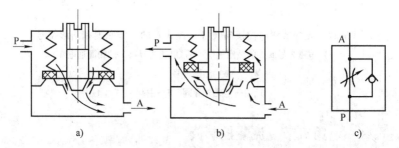

a)　　　　　　　　　　b)　　　　　　　　　c)

图 6-29　单向节流阀的工作原理和图形符号
a）P→A 状态　b）A→P 状态　c）图形符号

单向节流阀常用于气缸的调速和延时回路。

三、排气节流阀

排气节流阀是装在执行元件的排气口处，用于调节进入大气中气体流量的一种控制阀。它不仅能调节执行元件的运动速度，

而且带有消声器件，能降低排气噪声。

图 6-30 所示为排气节流阀的工作原理和图形符号。其工作原理和节流阀相类似，靠调节节流口 1 处的通流截面积来调节排气流量，由消声套 2 降低排气噪声。

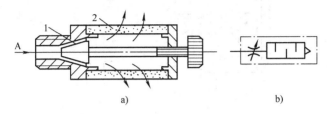

图 6-30 排气节流阀的工作原理和图形符号

a）工作原理 b）图形符号

1—节流口 2—消声套

应当指出，当用控制流量的方法来控制气缸内活塞的运动速度时，采用气动比采用液压困难。特别是在超低速控制中，要按照预定行程变化来控制速度，只用气动很难实现。一般在外部负载变化很大时，仅用气动流量控制阀不会得到满意的调速效果。为提高活塞运动平稳性，建议采用气液联动。

◇◇◇ **第六节　逻辑元件** *

逻辑元件是指以压缩空气为介质，在控制信号作用下，通过其内部可动部件（如膜片、阀芯）的动作来改变气流流动方向，从而实现各种逻辑功能的元件。

一、是门和与门元件

图 6-31 所示为是门和与门元件的工作原理及图形符号。图 6-31 中 A 为信号输入孔，S 为信号输出孔。若将中间孔接另一输入信号 B，则为与门元件。由图 6-31 可见，只有当 A、B 同时有输入信号时，S 才有输出，即 S = AB。当中间孔不接信号 B 而接气源 P 时，为是门元件，即 A 有输入信号时 S 就有输出，A 无输入信号时 S 无输出，元件的输入和输出信号之间始终保持相

同的状态，即 S = A。

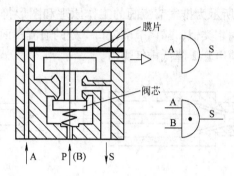

图 6-31　是门和与门元件的工作原理及图形符号

二、或门元件

图 6-32 所示为或门元件的工作原理及图形符号。A、B 为输入信号，S 为输出信号。由图 6-32 可见，在两个输入口中，只要有一个输入信号或同时有两个输入信号，S 都有输出，即 S = A + B。

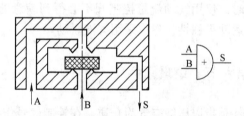

图 6-32　或门元件的工作原理及图形符号

三、非门和禁门元件

图 6-33 为非门和禁门元件的工作原理及图形符号。当 P 为气源时，若 A 有信号输入则 S 就没有输出，若 A 没有信号输入则 S 就有输出，即 S = $\overline{A}$，此情况下为非门元件。在中间孔不作为气源孔 P 而作为另一输入信号孔 B 的情况下，当 A、B 均有信号输入时 S 无输出，在 A 无输入信号而 B 有输入信号时 S 有输出，可见 A 的输入信号对 B 的输入信号起"禁止"作用，即 S = $\overline{A}$B，此情况下为禁门元件。

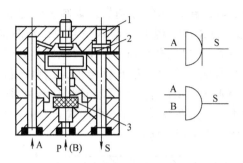

图 6-33 非门和禁门元件的工作原理及图形符号

1—活塞 2—膜片 3—阀芯

四、或非元件

图 6-34 所示为或非元件的工作原理及图形符号。它是在非门元件的基础上增加了两个信号输入端，即具有 A、B、C 三个输入信号。当所有的输入端都没有输入信号时，S 有输出，只要 3 个输入端中有一个有输入信号，S 就没有输出，即 S = $\overline{A+B+C}$。或非元件是一种多功能逻辑元件，用这种元件可以实现是门、或门、与门、非门及记忆等各种逻辑功能。

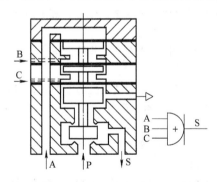

图 6-34 或非元件的工作原理及图形符号

五、双稳元件

图 6-35 为双稳元件的工作原理及图形符号。当 A 有输入信号时，阀芯被推向图 6-35 所示的右端位置，P 与 S_1 通，而 S_2 与排气口相通，此时"双稳"处于"1"状态。在控制端 B 的输

入信号到来之前，若 A 的信号消失，则阀芯仍能保持在右端位置，故 S_1 总是有输出。当 B 有输入信号时，阀芯被推向左端，P 与 S_2 通，而 S_1 与排气孔相通，于是"双稳"处于"0"状态。同理，在 A 信号输入之前，若 B 信号消失，则阀芯仍处于左端位置，S_2 总有输出。所以该元件具有记忆功能，属于记忆元件。注意，在使用中不能在双稳元件的两个输入端同时加输入信号，否则，元件将处于不定工作状态。

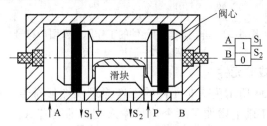

图 6-35 双稳元件的工作原理及图形符号

复习思考题

1. 简述活塞式空气压缩机的工作原理。

2. 气源为什么要净化？气源净化元件主要有哪些？它们各起什么作用？

3. 油雾器有什么作用？它是怎样工作的？

4. 气源调节装置包括什么元件？

5. 常用气缸有哪几种？简述冲击气缸的工作原理及用途。

6. 气缸的主要参数是什么？简述 QG80 × 100 – G 标准化气缸标记的含义。

7. 减压阀、顺序阀和溢流阀在气压传动系统中分别起什么作用？它们的图形符号有什么区别？

8. 按阀的控制方式来分，换向阀可分为哪几种类型？气压控制换向阀又分为哪几种控制类型？

9. 排气节流阀有什么用途？试画出其图形符号。

10. 快速排气阀有什么用途？它一般安装在什么位置？

11. 什么是气压逻辑元件？试述"是""与""或"的概念，并画出其逻辑符号。

第七章

气压传动系统基本回路

气压传动系统基本回路是气动回路的基本组成部分。由于空气的性质与油液不同，气动回路有其自己的特点。

1）由于一个空气压缩机能够向多个气动回路供气，因此通常在设计气压传动回路时，空气压缩机是另行考虑的，在回路图中也往往被省略。但在设计时必须考虑原空气压缩机的容量，以免在增设回路后引起使用压力下降。

2）气动回路一般不设排气管道，不像液压回路那样一定要将使用过的油排回油箱。

3）气动回路中气动元件的安装位置对其功能影响很大。空气过滤器、减压阀、油雾器的安装位置应靠近气动设备。

4）由于空气无润滑性，故气动回路中一般需要设供油装置。

气动回路和液压回路一样，也是由一些基本回路组成的。这些基本回路具有各自的特点和作用，如运动速度的调节、工作压力的控制、运动的换向、联锁保护等。因此要设计气压传动系统或阅读气压传动系统图，就必须先掌握各种基本回路。下面介绍一些常用的气压传动系统基本回路。

◇◇◇ 第一节　压力、方向、速度控制回路

一、压力控制回路

压力控制回路是使回路中的压力保持在一定范围内，或使回路得到高、低不同压力的基本回路。

（1）一次压力控制回路　一次压力控制回路主要控制储气罐内的压力，使它不超过规定值。图 7-1 所示为一次压力控制回

路。若储气罐4内的压力超过规定压力值，则溢流阀1溢流稳压，空气压缩机2输出的压缩空气经溢流阀排入大气，使储气罐内压力保持在规定范围内；也可采用电接点压力表5直接控制空气压缩机电动机的停止或转动，以保证储气罐内压力在规定范围内。

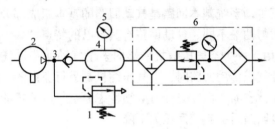

图7-1 一次压力控制回路

1—溢流阀 2—空气压缩机 3—单向阀 4—储气罐

5—压力表 6—气源调节装置

（2）二次压力控制回路 为保证气压传动系统使用的气体压力为一稳定值，可用图7-2所示的由空气过滤器1、减压阀2、油雾器3组成的二次压力控制回路，利用减压阀2来实现定压控制。但要注意的是，供给逻辑元件的压缩空气中不应加入润滑油。

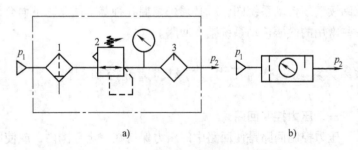

a) b)

图7-2 二次压力控制回路

a）详图 b）简图

1—空气过滤器 2—减压阀 3—油雾器

（3）高低压转换回路 若设备有时需要高压，有时需要低压，则可用高低压转换回路。图7-3所示为由两个减压阀和换向阀构成的高低压转换回路，可控制气缸输出两种大小不同的力。

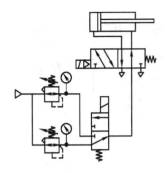

图7-3 高低压转换回路

二、换向控制回路

换向控制回路是利用方向控制阀使执行元件改变运动方向的控制回路。

（1）单作用气缸换向控制回路 图7-4a所示为二位三通电磁阀控制的单作用气缸上、下运动回路。该回路中，当电磁铁通电时，气缸向上运动，断电时气缸在弹簧作用下返回。图7-4b所示为三位五通先导式电磁阀控制的单作用气缸上、下和停止的回路。气缸可停于任何位置，但定位精度不高。

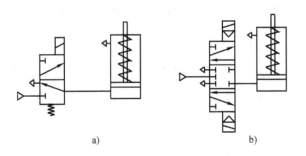

a) b)

图7-4 单作用气缸换向控制回路

a）二位三通电磁阀控制回路 b）三位五通电磁阀控制回路

（2）双作用气缸换向控制回路 图7-5a所示为用小通径的手动阀与二位五通主阀来控制气缸换向的回路。图7-5b所示为用二位五通双电控阀来控制气缸换向的回路。图7-5c所示为用两个小通径的手动阀与二位四通主阀来控制气缸换向的回路。图7-5d所示为用三位四通电磁换向阀来控制气缸换向并有中停的回路，但

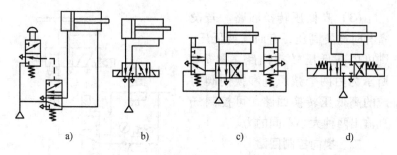

图 7-5 双作用气缸换向控制回路

a) 用手动阀和二位五通主阀控制　b) 用二位五通双电控阀控制

c) 用两个手动阀和二位四通主阀控制　d) 用三位四通电磁换向阀控制

要求元件密封性要好，可用于定位精度要求不高的场合。

三、速度控制回路

（1）单作用气缸速度控制回路　图 7-6 所示为单作用气缸速度控制回路。其中，图 7-6a 所示回路由两个反向安装的单向节流阀分别控制活塞杆伸出及缩回的速度。图 7-6b 所示回路中的气缸上升时可调速，下降时则通过快速排气阀排气，使气缸快速返回。

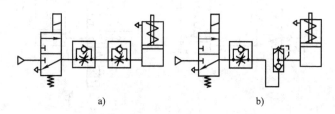

图 7-6 单作用气缸速度控制回路

a) 通过反向安装单向节流阀调速

b) 通过单向节流阀和快速排气阀调速

（2）双作用气缸速度控制回路　图 7-7a 所示为双作用气缸的进气节流调速回路。进气节流调速回路容易产生气缸的"爬行"现象。一般来说，进气节流多用于垂直安装的气缸支承腔的供气回路。图 7-7b 所示为双作用气缸的排气节流调速回路，

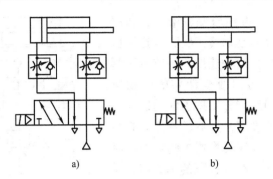

图 7-7 双作用气缸速度控制回路

a）进气节流调速回路 b）排气节流调速回路

排气节流的运动比较平稳。

（3）缓冲回路 图 7-8 所示为由速度控制阀和行程阀配合使用的缓冲回路。当活塞向右运动时，气缸右腔中的气体经行程阀再由三位五通阀排掉。当活塞运动到末端时，活塞杆上的挡块压下行程阀，行程阀切换，气体就只能经节流阀排出，这样活塞运动速度就得到了缓冲。

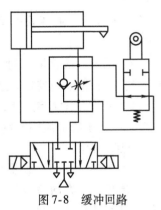

图 7-8 缓冲回路

◇◇◇ 第二节 其他常用气压传动回路*

一、气液联动回路

在气动回路中采用气液转换器或气－液阻尼缸后，就相当于把气压传动转换为液压传动，这就能使执行元件的速度调节更加稳定，运动也更平稳。若采用气液增压回路，则还能得到更大的推力。气液联动回路装置简单，经济可靠。

1. 采用气液转换器的速度控制回路

图 7-9 所示为采用气液转换器的速度控制回路。它利用气液

转换器1、2将气压变成液压，利用液压油驱动液压缸3，从而得到平稳易控制的活塞运动速度。调节节流阀的开度，就可以改变活塞的运动速度。这种回路充分发挥了气动供气方便和液压速度容易控制的特点。必须指出的是：气液转换器中的贮油量应不小于液压缸有效容积的1.5倍，同时需注意气液转换器的密封，以避免气体混入油中。

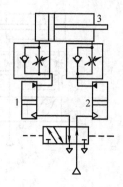

图7-9　采用气液转换
器的速度控制回路
1、2—气液转换器
3—液压缸

2. 采用气－液阻尼缸的速度控制回路

当采用气－液阻尼缸时，其调速方法可根据具体使用要求，选用不同的方案来实现。

（1）双向速度控制　图7-10a所示的回路是通过调节单向节流阀1、2中的节流阀开度来获得两个方向的无级调速。油杯3为补充漏油所设。

（2）快进—慢进—快退变速回路　图7-10b所示变速回路的工作原理是：在活塞右行通过a孔后，液压缸右腔油液只能被迫从b孔经节流阀流回左腔，这时由快进变为慢进。若切换换向阀使活塞左行，则液压缸左腔的油液经单向阀流入右腔，此时由慢进变为快退。此回路的变速位置不能改变。

图7-10c所示为用行程阀变速的回路。此回路只要改变挡铁或行程阀的安装位置，就能改变开始变速的位置。

图7-10b和图7-10c所示的两个回路均适用于长行程的场合。

（3）有中停的变速回路　图7-10d所示回路是液压阻尼缸与气缸并联的形式，两缸的活塞杆用机械方式固接。借助于阻尼缸活塞杆上的调节螺母4，可调节气缸由慢进变为快退的转换位置。当三位五通阀处于中间位置时（图7-10d所示位置），阻尼

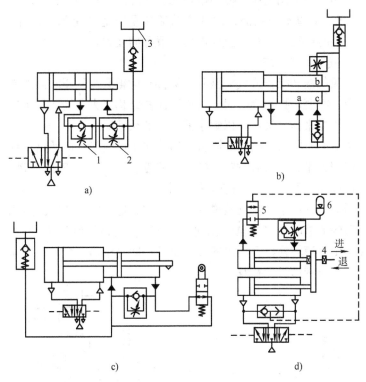

图 7-10　采用气-液阻尼缸的速度控制回路

a）双向速度控制　b）、c）快进—慢进—快退变速回路　d）有中停的变速回路

1、2—单向节流阀　3—油杯　4—螺母　5—二位二通阀　6—蓄能器

缸油路被二位二通阀 5 切断，活塞就停止在此位置上。当三位五通阀被切换至左位时，气源就经三位五通阀、梭阀输入到二位二通阀 5，使二位二通阀 5 切换，即油路连通，这时活塞右行，阻尼缸右腔的油液经单向节流阀中的节流阀、二位二通阀流入左腔。由于阻尼缸两腔的有效容积不等，因而此时蓄能器 6 中的油液也经二位二通阀流入左腔作为补充。当三位五通阀被切换至右位时，活塞左行，阻尼缸左腔的油液部分经单向节流阀中的单向阀流入右腔，部分油液进入蓄能器。此回路采用并联形式，比图

7-10a、b、c 所示回路采用的串联形式结构紧凑（即轴向尺寸小），气、油也不易相混，但并联的活塞易产生"憋劲"现象，所以安装时两缸应平行，且应考虑设置导向装置。

3. 气液增压回路

一般气液转换器或气－液阻尼缸都只能得到与气压相同的液压压力，在要求推力很大时，将使液压缸结构庞大。为此可采用气液增压器来提高油压，以缩小液压缸的尺寸。

图 7-11a 所示为用气液增压器的单向调速回路。该回路用单向节流阀调节缸 A 的前进（右行）速度，返回时用气压驱动，因通过单向阀回油，因而能快速返回。

图 7-11b 所示为用气液增压器的双向调速回路。该回路是用增压后的油液驱动液压缸 3 前进（右行），使液压缸增大推力，返回时用气液转换器 2 输出的油液驱动。回路中用两个单向节流阀分别调节液压缸的往复运动速度。

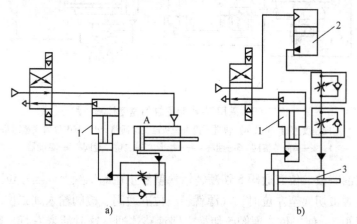

图 7-11　气液增压回路

a）单向调速回路　b）双向调速回路

1—气液增压器　2—气液转换器　3—液压缸

二、延时回路

图 7-12a 所示为延时输出回路。在控制信号使换向阀 4 切换

后，压缩空气经单向节流阀 3 向气罐 2 充气。当充气压力经过延时升高至使换向阀 1 换向时，换向阀 1 就有输出。

图 7-12b 所示为延时退回回路。按下手动阀 8，气缸向外伸出，当气缸在伸出行程中压下换向阀 5 后，压缩空气经节流阀向气罐 6 充气，延时后才将换向阀 7 切换，气缸退回。

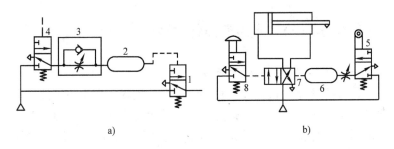

图 7-12 延时回路

a）延时输出回路 b）延时退回回路

1、4、5、7—换向阀 2、6—气罐 3—单向节流阀 8—手动阀

复习思考题

1. 试述一次压力回路中电接点压力表的作用。

2. 图 7-4b 中单作用缸 2 的换向回路为什么要用三位五通换向阀？

3. 单作用气缸和双作用气缸是什么含义？

4. 试述图 7-6b 中快速排气阀的作用。

5. 气液联动的目的是什么？如何实现？

第八章

典型气压传动系统及主要元件故障排除

◆◆◆ **第一节 典型气压传动系统**

一、工件夹紧气压传动系统

图 8-1 所示为机械加工自动线、组合机床中常用的工件夹紧气压传动系统。其工作原理是：在工件运行到指定位置后，气缸 A 的活塞杆伸出，将工件定位锁紧后，两侧的气缸 B 和 C 的活塞杆同时伸出，从两侧面压紧工件，实现夹紧，然后进行机械加工。

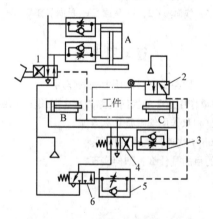

图 8-1 工件夹紧气压传动系统
1—换向阀 2—行程阀 3、5—单向节流阀
4—主控阀 6—中继阀

该气压传动系统的动作过程为：当用脚踏下脚踏换向阀 1（在自动线中往往采用其他形式的换向方式）时，压缩空气经单向节流阀进入气缸 A 的无杆腔，夹紧头下降至锁紧位置后使机

176

动行程阀 2 换向，压缩空气经单向节流阀 5 使中继阀 6 换向，压缩空气经中继阀 6 右位通过主控阀 4 的左位进入气缸 B 和 C 的无杆腔，两气缸的活塞杆同时伸出。与此同时，压缩空气的一部分经单向节流阀 3 使主控阀 4 延时换向到右位，则两气缸 B 和 C 返回。在两气缸返回的过程中，有杆腔的压缩空气使脚踏换向阀 1 复位（右位接入），则气缸 A 返回。此时由于气缸 A 返回使行程阀 2 复位（右位接入），所以中继阀 6 也复位。由于中继阀 6 复位，气缸 B 和 C 的无杆腔经由主控阀 4 和中继阀 6 通大气，主控阀 4 自动复位。由此完成了缸 A 压下一夹紧缸 B 和 C 伸出夹紧→夹紧缸 B 和 C 返回→缸 A 返回的动作循环。

二、插销分送机构

插销分送机构将插销有节奏地送入测量机构，如图 8-2 所示。该机构要求气缸 A 前向行程时间 $t_1 = 0.6\text{s}$，回程时间 $t_2 = 0.4\text{s}$，停止在前端位置的时间 $t_3 = 1.0\text{s}$，一个工作循环完成后，下一循环自动连续。

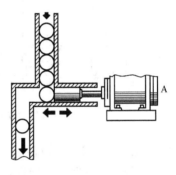

图 8-2　插销分送机构

前向行程时间可由进程节流阀调节，停顿时间由延时阀调节。插销分送机构气压传动系统如图 8-3 所示。单向节流阀 V_1 调节气缸前进的速度，单向节流阀 V_0 调节气缸退回的速度，S 为起动阀，延时阀 T 可调节停顿时间，a_0、a_1 为气缸行程开关，分别控制两个二位三通行程换向阀。

气缸 A 的活塞杆初始位置在左端，活塞杆凸轮压下行程开关 a_0。扳动起动阀 S 后，此时与门 Z 两侧的控制腔都通压缩空气，所以其输出口有气流输出，压缩空气流向 A_1 使主控阀换向，活塞杆向前运动，由单向节流阀 V_1 控制前向行程时间 $t_1 = 0.6\text{s}$。在前端位置，活塞杆凸轮压下行程开关 a_1，向延时阀

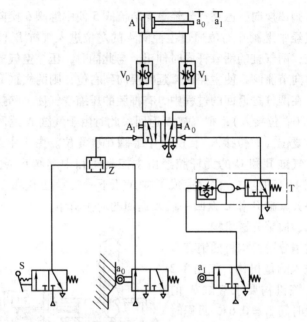

图 8-3　插销分送机构气压传动系统

T 供气，压缩空气通过节流阀进入储气室，延时 $t_2 = 1.0\mathrm{s}$ 后，延时阀 T 中的二位三通行程换向阀动作，输出控制信号 A_0，使主控阀动作切换到初始位置（即左位），气缸 A 退回，回程速度受单向节流阀 V_0 控制，回程时间 $t_3 = 0.4\mathrm{s}$，直至行程开关 a_0 再次被压下，回程结束。如果起动阀 S 保持在开启位置，则活塞杆将继续往复循环，实现插销的自动分送，直到起动阀 S 关闭，动作循环结束后才停止。

三、数控加工中心气动换刀系统

图 8-4 所示为某数控加工中心气动换刀系统。该系统在换刀过程中能实现主轴定位，主轴松刀、拔刀和插刀以及向主轴锥孔吹气（清屑）动作。

当数控系统发出换刀指令时，系统发出主轴准停信号，YA4 通电，换向阀 4 右位接入，压缩空气经气源调节装置 1、换向阀

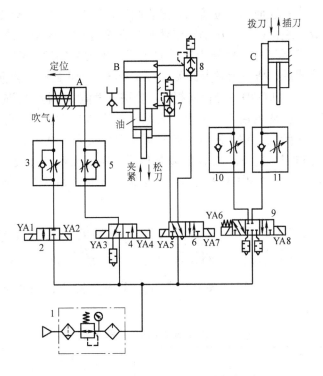

图 8-4　数控加工中心气动换刀系统
1—气源调节装置　2、4、6、9—换向阀
3、5、10、11—单向节流阀　7、8—快速排气阀

4 右位、单向节流阀 5 进入主轴定位缸 A 的右腔，缸 A 的活塞左移，使主轴自动定位。主轴定位后压下无触点开关，使电磁铁 YA6 通电，换向阀 6 右位接入，压缩空气经换向阀 6 右位、快速排气阀 8 进入气液增压器 B 的上腔，增压腔的高压油使活塞伸出，实现主轴松刀。同时，YA8 通电，换向阀 9 右位接入，压缩空气经换向阀 9 右位、单向节流阀 11 进入缸 C 的上腔，缸 C 下腔排气，活塞下移实现拔刀。拔刀动作完成后，压下无触点开关，YA1 通电，换向阀左位接入，压缩空气经换向阀 2 左位、单向节流阀 3 向主轴锥孔吹气，进行清屑工作。稍后 YA1 断电、

YA2 通电，换向阀右位接入，停止吹气，YA8 断电、YA7 通电，换向阀 9 左位接入，压缩空气经换向阀 9 左位、单向节流阀 10 进入缸 C 的下腔，活塞上移，实现下一把刀的插刀动作。插刀动作完成后，压下无触点开关，YA6 断电、YA5 通电，换向阀 6 左位插入，压缩空气经换向阀 6 左位进入气液增压器的下腔，活塞缩回，实现主轴刀具夹紧。夹紧动作完成后，压下无触点开关，YA4 断电、YA3 通电，换向阀 4 左位接入，缸 A 的活塞在弹簧力作用下复位。缸 A 活塞复位后，压下无触点开关，电磁铁 YA7 断电，换向阀 9 回中位，系统回复到开始状态，换刀动作完成。

◇◇◇ 第二节 气压传动系统中主要元件常见故障排除*

气压传动系统主要元件常见故障及排除方法见表 8-1 ~ 表 8-6。

表 8-1 减压阀常见故障及排除方法

故 障	原 因	排除方法
出口压力升高	① 阀弹簧损坏 ② 阀座有伤痕或阀座橡胶剥离 ③ 阀体中夹入灰尘，阀导向部分黏附异物 ④ 阀芯导向部分和阀体的 O 形密封圈收缩、膨胀	① 更换阀弹簧 ② 更换阀体 ③ 清洗、检查过滤器 ④ 更换 O 形密封圈
压力降很大（流量不足）	① 阀口通径小 ② 阀下部积存冷凝水，阀内混入异物	① 使用通径大的减压阀 ② 清洗、检查过滤器
向外漏气（阀的溢流处泄漏）	① 溢流阀座有伤痕（溢流式） ② 膜片破裂 ③ 出口压力升高 ④ 出口侧背压增加	① 更换溢流阀座 ② 更换膜片 ③ 参看"出口压力升高"栏 ④ 检查出口侧的装置、回路

（续）

故 障	原 因	排除方法
阀体泄漏	① 密封件损伤 ② 弹簧松弛	① 更换密封件 ② 张紧弹簧
异常振动	① 弹簧的弹力减弱或弹簧错位 ② 阀体的中心与阀杆的中心错位 ③ 因空气消耗量周期变化使阀不断开启、关闭，引起共振	① 把弹簧调整到正常位置，更换弹力减弱的弹簧 ② 检查并调整位置偏差 ③ 与制造厂协商
即使已松开手柄，出口侧空气也不溢流	① 溢流阀座孔堵塞 ② 使用非溢流式减压阀	① 清洗并检查过滤器 ② 需要在出口侧安装高压溢流阀

表8-2 溢流阀常见故障及排除方法

故 障	原 因	排除方法
压力虽已上升，但不溢流	① 阀内部的孔堵塞 ② 阀芯导向部分进入异物	① 清洗 ② 清洗
压力虽没有超过设定值，但在溢流口处却溢出空气	① 阀内进入异物 ② 阀座损伤 ③ 调压弹簧损坏	① 清洗 ② 更换阀座 ③ 更换调压弹簧

表8-3 换向阀常见故障及排除方法

故 障	原 因	排除方法
不能换向	① 阀的滑动阻力大，润滑不良 ② O形密封圈变形 ③ 灰尘卡住滑动部分 ④ 弹簧损坏 ⑤ 阀操纵力小 ⑥ 活塞密封圈磨损 ⑦ 膜片破裂	① 进行润滑 ② 更换密封圈 ③ 清除灰尘 ④ 更换弹簧 ⑤ 检查阀操纵部分 ⑥ 更换密封圈 ⑦ 更换膜片

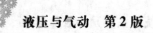
（续）

故　障	原　因	排除方法
阀产生振动	① 空气压力低（先导式） ② 电源电压低（电磁阀）	① 提高操纵压力，采用直动式 ② 提高电源电压，使用低电压线圈

表8-4　气缸常见故障及排除方法

故　障	原　因	排除方法
外泄漏 ① 活塞杆与密封衬套间漏气 ② 气缸体与端盖间漏气 ③ 从缓冲装置的调节螺钉处漏气	① 衬套密封圈磨损，润滑油不足 ② 活塞杆偏心 ③ 活塞杆有伤痕 ④ 活塞杆与密封衬套的配合面内有杂质 ⑤ 密封圈损坏	① 更换衬套密封圈 ② 重新安装，使活塞杆不受偏心负荷 ③ 更换活塞杆 ④ 除去杂质，安装防尘盖 ⑤ 更换密封圈
活塞两端窜气	① 活塞密封圈损坏 ② 润滑不良 ③ 活塞被卡住 ④ 活塞配合面有缺陷，杂质挤入密封圈	① 更换活塞密封圈 ② 调节或更换油雾器 ③ 重新安装，使活塞杆不受偏心负荷 ④ 缺陷严重者更换零件，除去杂质
输出力不足，动作不平稳	① 润滑不良 ② 活塞或活塞杆卡住 ③ 气缸体内表面有锈蚀或缺陷 ④ 进入了冷凝水、杂质	① 调节或更换油雾器 ② 检查安装情况，消除偏心 ③ 视缺陷大小再决定排除故障的办法 ④ 加强对空气过滤器和油水分离器的管理，定期排放污水

表8-5 空气过滤器常见故障及排除方法

故　障	原　因	排除方法
压力降过大引起振动	① 使用过细的滤芯 ② 过滤器的流量范围太小 ③ 流量超过过滤器的容量 ④ 过滤器滤芯网眼堵塞	① 更换适当的滤芯 ② 换流量范围大的过滤器 ③ 换大容量的过滤器 ④ 用净化液清洗滤芯（必要时更换）
从输出端逸出冷凝水	① 未及时排出冷凝水 ② 自动排水器发生故障 ③ 超过过滤器的流量范围	① 养成定期排水习惯或安装自动排水器 ② 修理（必要时更换） ③ 在适当流量范围内使用或者更换容量大的过滤器

表8-6 油雾器常见故障及排除方法

故　障	原　因	排除方法
油不能滴下	① 没有产生油滴下落所需的压差 ② 油雾器反向安装 ③ 油道堵塞 ④ 油杯未加压	① 加上文氏管或换成小的油雾器 ② 改变安装方向 ③ 拆卸，进行修理 ④ 因通往油杯的空气通道堵塞，需拆下修理
油杯未加压	① 通往油杯的空气信道堵塞 ② 油杯大，油雾器使用频繁	① 拆下修理或加大通往油杯空气通孔 ② 使用快速循环式油雾器
油滴数不能减少	油量调整螺钉失效	检修油量调整螺钉

复习思考题

1. 图8-5所示为手动和自动并用回路。此回路的主要用途是当停电或电磁换向阀发生故障时，气压传动系统也可进行工作。试阐述其工作原理。

2. 图8-6所示为两台冲击气缸的铆接回路。试分析其动作原理，并说明3个手动阀的作用。

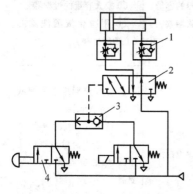

图 8-5　手动和自动并用回路
1—单向节流阀　2—气控换向阀
3—梭阀　4—手动阀

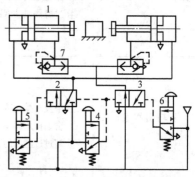

图 8-6　两台冲击气缸的铆接回路
1—冲击气缸　2、3—换向阀
4、5、6—手动阀　7—快速排气阀

常用流体传动系统及元件图形符号
(摘自 GB/T 786.1—2009)

附录 A　图形符号的基本要素和管路连接

图形符号	描述
——————	供油管路、回油管路、元件外壳和外壳符号
- - - - - -	内部和外部先导（控制）管路、泄油管路、冲洗管路、放气管路
—·—·—	组合元件框线
┼ (连接点)	两条管路的连接，标出连接点
┼	两条管路交叉没有交点，说明它们之间没有连接
- - ∪ - -	软管管路
▷	气压源
▶	液压源

附录 B 控制机构

图形符号	描述
	带有定位装置的推或拉控制机构
	用作单方向行程操纵的滚轮杠杆
	单作用电磁铁，动作指向阀芯
	单作用电磁铁，动作背离阀芯
	双作用电气控制机构，动作指向或背离阀芯
	单作用电磁铁，动作指向阀芯，连续控制
	单作用电磁铁，动作背离阀芯，连续控制
	电气操纵的气动先导控制机构
	电气操纵的带有外部供油的液压先导控制机构
	具有外部先导供油，双比例电磁铁，双向操作，集成在同一组件内连续工作的双先导装置的液压控制机构

附录 C　泵、马达和缸

图形符号	描述
	变量泵
	双向流动，带外泄油路单向旋转的变量泵
	双向变量泵单元，双向流动，带外泄油路，双向旋转
	双向变量马达单元，双向流动，带外泄油路，双向旋转
	单向旋转的定量泵
	单向旋转的定量马达
	限制摆动角度，双向流动的摆动执行器或旋转驱动
	操纵杆控制，限制转盘角度的泵

（续）

图形符号	描述
	空气压缩机
	变方向定流量双向摆动马达
	真空泵
	双作用单杆缸
	单作用单杆缸，靠弹簧力返回行程，弹簧腔室有连接口
	双作用双杆缸，活塞杆直径不同，双侧缓冲，右侧带调节

（续）

图形符号	描述
	单作用缸，柱塞缸
	单作用伸缩缸
	双作用伸缩缸
	单作用压力介质转换器，将气体压力转换为等值的液体压力，反之亦然
	单作用增压器，将气体压力 p_1 转换为更高的液体压力 p_2

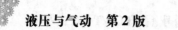

附录 D　控制元件

图形符号	描述
	二位二通方向控制阀，两位，两通，推压控制机构，弹簧复位，常闭
	二位二通方向控制阀，两位，两通，电磁铁操纵，弹簧复位，常开
	二位四通方向控制阀，电磁铁操纵，弹簧复位
	二位三通方向控制阀，滚轮杠杆控制，弹簧复位
	二位三通方向控制阀，电磁铁操纵，弹簧复位，常闭
	二位四通方向控制阀，电磁铁操纵液压先导控制，弹簧复位
	三位四通方向控制阀，电磁铁操纵先导级和液压操作主阀，主阀及先导级弹簧对中，外部先导供油和先导回油

（续）

图形符号	描述
	三位四通方向控制阀，弹簧对中，双电磁铁直接操纵，不同中位机能的类别
	二位四通方向控制阀，液压控制，弹簧复位
	三位四通方向控制阀，液压控制，弹簧对中
	三位五通方向控制阀，定位销式各位置杠杆控制
	三位五通直动式气动方向控制阀，弹簧对中，中位时两出口都排气
	二位五通方向控制阀，踏板控制
	溢流阀，直动式，开启压力由弹簧调节

（续）

图形符号	描述
	外部控制的顺序阀（气动）
	顺序阀，手动调节设定值
	顺序阀，带有旁通阀
	二通减压阀，直动式，外泄型
	三通减压阀（液压）
	二通减压阀，先导式，外泄型
	电磁溢流阀，先导式，电气操纵预设定压力

（续）

图形符号	描述
	可调节流量控制阀
	可调节流量控制阀，单向自由流动
	内部流向可逆调压阀
	调压阀，远程先导可调，溢流，只能向前流动
	双压阀（"与"逻辑），并且仅当两进气口有压力时才会有信号输出，较弱的信号从出口输出
	梭阀（"或"逻辑），压力高的入口自动与出口接通
	快速排气阀

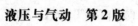

（续）

图形符号	描述
	单向阀，只能在一个方向自由流动
	带有复位弹簧的单向阀，只能在一个方向流动，常闭
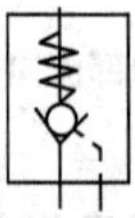	带有复位弹簧的先导式单向阀，先导压力允许在两个方向自由流动
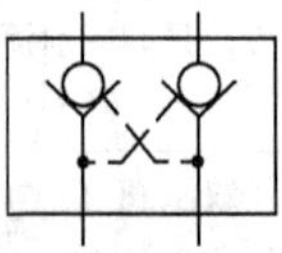	双单向阀，先导式

附录 E　附件

图形符号	描述
	压力测量单元（压力表）
	压差计
	温度计

（续）

图形符号	描述
	液位指示器（液位计）
	过滤器
	油箱通气过滤器
	不带冷却液流道指示的冷却器
	液体冷却的冷却器
	加热器
	温度调节器
	隔膜式充气蓄能器（隔膜式蓄能器）

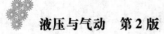

（续）

图形符号	描述
	活塞式充气蓄能器（活塞式蓄能器）
	气瓶
	润滑点
	手动排水流体分离器
	自动排水流体分离器
	带手动排水分离器的过滤器
	吸附式过滤器
	油雾分离器
	空气干燥器
	油雾器

（续）

图形符号	描述
	手动排水式油雾器
	气罐
	气源处理装置，包括手动排水过滤器、手动调节式溢流调压阀、压力表和油雾器 左图中，上图为详细示意图，下图为简化图

参 考 文 献

[1] 俞启荣. 液压传动 [M]. 北京：机械工业出版社，1990.

[2] 张群生. 液压传动与润滑技术 [M]. 北京：机械工业出版社，1998.

[3] 劳动和社会保障部教材办公室. 机械基础 [M]. 3 版. 北京：中国劳动社会保障出版社，2001.

[4] 劳动部培训司. 液压传动 [M]. 北京：中国劳动出版社，1992.

[5] 李登万. 液压与气压传动 [M]. 南京：东南大学出版社，2004.

[6] 陆一心. 液压与气动技术 [M]. 北京：化学工业出版社，2004.

[7] 马振福. 液压与气压传动 [M]. 2 版. 北京：机械工业出版社，2008.

[8] 陈海魁. 机械基础 [M]. 北京：中国劳动社会保障出版社，2001.

[9] 徐永生. 气压传动 [M]. 北京：机械工业出版社，2003.

[10] 左健民. 液压与气动技术 [M]. 3 版. 北京：机械工业出版社，2011.

机械工业出版社

教师服务信息表

尊敬的老师：

您好！感谢您多年来对机械工业出版社的支持与厚爱！为了进一步提高我社教材的出版质量，更好地为职业教育的发展服务，欢迎您对我社的教材多提宝贵意见和建议。另外，如果您在教学中选用了《液压与气动 第2版》（杨柳青　主编）一书，我们将为您免费提供与本书配套的电子课件。

一、基本信息

姓名：_____ 性别：_____ 职称：_____ 职务：_____

学校：_____ 系部：_____

地址：_____ 邮编：_____

任教课程：_____ 电话：_____ 手机：_____

电子邮件：_____ QQ：_____ MSN：_____

二、您对本书的意见及建议（欢迎您指出本书的疏漏之处）

三、您近期的著书计划

请与我们联系：

北京市西城区百万庄大街22号（100037）机械工业出版社·技能教育分社

王华庆（收）

Tel：010－88379877

Fax：010－68329397

E－mail：yuxunyueye@163.com